地球空间信息科学与技术研究生系列教材

# 合成孔径雷达地表形变测量

Synthetic Aperture Radar for Surface Motion Estimation

U0180541

蒂莫·巴尔茨（Timo Balz） 姜昊男 姚树一 著

中国教育出版传媒集团

高等教育出版社·北京

**图书在版编目（CIP）数据**

合成孔径雷达地表形变测量 /（德）蒂莫·巴尔茨
（Timo Balz），姜昊男，姚树一著 . -- 北京：高等教育
出版社，2024.4

ISBN 978-7-04-061790-0

Ⅰ. ①合… Ⅱ. ①蒂… ②姜… ③姚… Ⅲ. ①合成孔
径雷达 - 干涉测量法 - 应用 - 地表 - 变形观测 Ⅳ.
① TN958 ② P227

中国国家版本馆 CIP 数据核字（2024）第 044629 号

| 策划编辑 | 关 焱 | 责任编辑 | 关 焱 | 封面设计 | 王 琰 | 版式设计 | 童 丹 |
| 责任绘图 | 于 博 | 责任校对 | 胡美萍 | 责任印制 | 刁 毅 | | |

| 出版发行 | 高等教育出版社 | 网 址 | http://www.hep.edu.cn |
| 社 址 | 北京市西城区德外大街4号 | | http://www.hep.com.cn |
| 邮政编码 | 100120 | 网上订购 | http://www.hepmall.com.cn |
| 印 刷 | 涿州市京南印刷厂 | | http://www.hepmall.com |
| 开 本 | 787mm×1092mm 1/16 | | http://www.hepmall.cn |
| 印 张 | 10.75 | | |
| 字 数 | 180 千字 | 版 次 | 2024年4月第1版 |
| 购书热线 | 010-58581118 | 印 次 | 2024年4月第1次印刷 |
| 咨询电话 | 400-810-0598 | 定 价 | 128.00 元 |

本书如有缺页、倒页、脱页等质量问题，请到所购图书销售部门联系调换
版权所有 侵权必究
物 料 号 61790-00
审图号: GS 京 (2023) 2294 号

HECHENG KONGJING LEIDA DIBIAO XINGBIAN CELIANG

# 地球空间信息科学与技术
# 研究生系列教材编委会

# 地球空间信息科学与技术
# 研究生系列教材总序

地理信息系统 (GIS) 的发展已经超过半个世纪了，已经逐渐成为各类应用的基础技术和通用知识。随着获取地理信息的软硬件技术发展，地理信息领域的学科发展出现了很多变化。数据的类型变多了，数据量变大了，数据分析的范式也变了。最初的时候，存储到计算机里面的地理空间数据主要是数字栅格图 (digital raster graph, DRG) 和数字线划图 (digital line graph, DLG)。现在，数字高程模型 (digital elevation model, DEM)、数字正射影像 (digital orthophoto map, DOM)、LiDAR 点云、三维模型、图数据、超文本数据、新媒体数据等都是地理空间数据处理的对象了。而且，数据大到了用常规的方法已经来不及处理，地理空间数据分析正在朝着大数据的分析范式演进。当然，更重要的是，地理信息应用的场景更加广泛了，现在地理信息已经渗透到几乎所有的信息化应用中。

这样一些变化，对研究生的培养提出了新的要求。怎样既要使研究生系统地掌握从数理基础到最新的数据获取、数据处理和产业行业应用，又要培养他们的创新思维和开展面向未来的科学研究的素养？对于全球各个培养地理信息领域研究生的高等院校研究生院而言，如何寻找一套合适的教材，贯穿于研究生培养的整个过程，适应这些变化，是一个值得探讨的问题。

作为长期在本领域从事研究生培养工作的我们，尝试组织编写一套教材，以应对这些挑战。在规划系列教材时，除了同时出版中英文版本外，要考虑的因素还有很多。首先是要跟上技术发展的最新步伐。技术发展得太快了，好在地理信息技术已经发展了半个多世纪，已经有很多成熟的部分足以作为稳定的教材内容。其次是要覆盖全面。我们期望这套教材包含数理基础、数据管理、数据处理、数据分析、数据应用等 GIS 各个方面的知识。虽然未必能一下子齐全，也未必能全部覆盖，但是希望通过逐步的努力和更多人的参与贡献，积淀下更加全面的知识。最后要符合研究生课程教学的特点。每本教材既可以全程使用，也可以选择部分教学，每一章尽量独立，并尽可能地提供练习题，方便研究生加深理解。

出版系列教材，并不是一件容易的事，也不是短期内能够一次性完成的事情。我们预计这套教材会在十年内初具规模，按照每年两到三本的速度出版。选题的内容也可能随着技术的变化持续更新，选题覆盖范围动态调整，以适应未来的发展需求。

在此，我代表地球空间信息科学与技术研究生系列教材编委会，欢迎更多的学者加入出版本系列教材的行列！

龚健雅

武汉大学教授, 中国科学院院士

2023 年 3 月

# 缩 写 词

| APS | atmospheric phase screen | 大气相位屏 |
|---|---|---|
| ASI | Agenzia Spaziale Italiana | 意大利航天局 |
| D-InSAR | differential SAR interferometry | 合成孔径雷达差分干涉测量 |
| DEM | digital elevation model | 数字高程模型 |
| DLR | Deutsches Zentrum für Luft- und Raumfahrt | 德国宇航中心 |
| DSM | digital surface model | 数字表面模型 |
| ESA | European Space Agency | 欧洲空间局 |
| ESD | enhanced spectral diversity | 增强光谱多样性 |
| FFT | fast Fourier transform | 快速傅里叶变换 |
| FM | frequency modulation | 调制频率 |
| GNSS | global navigation satellite system | 全球导航卫星系统 |
| IFFT | inverse of fast Fourier transform | 快速傅里叶逆变换 |
| InSAR | interferometric synthetic aperture radar | 合成孔径雷达干涉测量 |
| LAMBDA | least-squares ambiguity decorrelation adjustment | 最小二乘模糊度去相关平差 |
| LOS | line of sight | 视线向 |
| PRF | pulse repetition frequency | 脉冲重复频率 |
| PS | permanent scatterer | 永久散射体 |
| PSC | permanent scatterer candidate | PS 候选点 |
| PSI | permanent scatterer interferometry | 永久散射体干涉测量 |
| PTOT | point-target offset tracking | 点目标偏移追踪 |
| Radar | radio detection and ranging | 无线电探测和测距 |
| RCS | radar cross section | 雷达散射截面 |

| SAR | synthetic aperture radar | 合成孔径雷达 |
| SBAS | small baseline subset | 小基线集 |
| SCR | signal-to-clutter ratio | 信杂比 |
| SD | spectral diversity | 光谱多样性 |
| SNR | signal-to-noise ratio | 信噪比 |
| SRTM | Shuttle Radar Topography Mission | 航天飞机雷达地形测绘任务 |
| StaMPS | Stanford method for persistent scatterers | 斯坦福永久散射体干涉法 |
| STUN | spatio-temporal unwrapping network | 时空解缠网络 |

# 符 号 表

| | | | |
|---|---|---|---|
| $A$ | 面积 | $\widehat{\gamma}$ | 时间相干性的估计量 |
| $A_e$ | 天线有效面积 | $\delta_{az}$ | 方位向分辨率 |
| $B$ | 带宽 (系统的频率范围) | $\delta_{grd}$ | 距离向地距分辨率 |
| $B_\perp$ | 垂直基线 | $\delta_{rg}$ | 距离向斜距分辨率 |
| $c$ | 光速 | $\delta_{sa}$ | 合成孔径的方位向分辨率 |
| $D_A$ | 振幅离差指数 | $\theta_{inc}$ | 入射角 |
| $f_c$ | 雷达中心频率 | $\lambda$ | 波长 |
| $f_s$ | 距离向采样频率 | $\sigma$ | 雷达散射截面 |
| $G$ | 天线增益 | $\sigma^0$ | 目标后向散射能量的百 |
| $j$ | 虚数单位 | | 分比 |
| $K_a$ | 调频速率 | $\tau$ | 脉冲长度 |
| $K_r$ | 啁啾信号的调频速率 | $\tau_c$ | 啁啾脉冲长度 |
| $l_{ra}$ | 真实孔径长度 | $\phi$ | 相位 |
| $l_{sa}$ | 合成孔径长度 | $\phi_{atmo}$ | 大气相位 |
| $P_n$ | 噪声功率 | $\phi_{motion}$ | 形变相位 |
| $P_r$ | 接收功率 | $\phi_{noise}$ | 噪声相位 |
| $P_t$ | 传输功率 | $\phi_{orbit}$ | 轨道误差相位 |
| $r$ | 斜距 (传感器与目标间的 | $\phi_{res}$ | 相位残余 |
| | 距离) | $\phi_{topo}$ | 地形相位 |
| $T_n$ | 噪声温度 | $\varphi$ | 缠绕相位 |
| $v_{linear}$ | 目标的视线向线性位移 | $\varphi_{az}$ | 方位向角分辨率 |
| | 速率 | $\varphi_{sa}$ | 合成孔径的方位向角分 |
| $v_{los}$ | 目标的视线向位移速率 | | 辨率 |
| $v_{sensor}$ | 传感器飞行速度 | | |

# 目　　录

# 第一部分

# SAR 基本原理

# 第 1 章

# 雷达遥感历史

1886 — 1889 年, 海因里希·鲁道夫·赫兹 (Heinrich Rudolf Hertz) 在德国卡尔斯鲁厄理工学院进行了一系列实验, 证明了电磁波的存在。赫兹让电火花跃过了两个带电金属球之间的狭窄气隙。实验中, 他采用一个简单的可调节线圈作为探测器和一大块锌板作为反射器 (Hertz, 1888)。通过这组装置, 赫兹证明了金属球体形成了电磁波, 电磁波先由锌板反射, 之后被探测器所探测到。该实验也证明了由迈克尔·法拉第 (Michael Faraday) 在 19 世纪 30 年代提出并由詹姆斯·克拉克·麦克斯韦 (James Clerk Maxwell) 在 19 世纪 60 年代正式确立的观点。

他们的成就拓展了我们的思维, 让我们了解到电磁场的概念, 并把电、磁和光统一成一个理论。光是电磁波的另一种形式, 这是遥感作为一门科学的基础。

将赫兹的工作视为历史的开端可能有些武断。就像科学领域很多其他工作一样, 赫兹、法拉第和麦克斯韦的发现都是建立在别人的工作基础之上。亚历山德罗·伏特 (Anastasio Volta) 和路易吉·伽伐尼 (Luigi Galvani) 等在理解和控制电流方面的工作当然也是非常重要的。1780 年, 伽伐尼发现死青蛙的肌肉被电火花击中时会抽搐。伏特重复了伽伐尼的实验, 并认为这种电流现象不是来自动物本身, 而是依赖于金属线。伏特的工作使早期的电池得以发展, 这种电池后来用于许多实验。

1801 年的杨氏双缝实验也可视为一个起点。托马斯·杨 (Thomas Young) 引导光通过两个相隔几厘米的狭缝至屏幕上, 证明了光的波动特性 (图 1.1)。如果按照先前的关于光的理论, 即假设光是由粒子组成, 那么屏幕的亮度应该是平

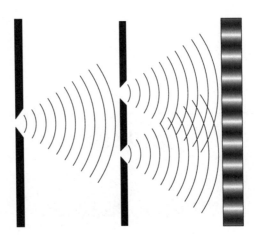

图 1.1    杨氏双缝实验

滑变化的, 而不是明暗相间的模式。这种明暗相间的现象是由穿越两个狭缝的电磁波的干涉所引起的, 因此证明了光的波动特性 (Young, 1802)。

杨还提出光和其他电磁波都是横波, 即波的振动方向与其传播方向相垂直, 此为电磁波的极化。与声波等纵波相反, 纵波的振动方向与其传播方向一致。

伊曼努尔·康德 (Immanuel Kant) 提出了物质及其力的动力学理论, 包含了引力和斥力, 为统一处理包括电磁力在内的所有力提供了理论基础 (Kant, 1786)。冯·谢林 (F. W. J. von Schelling) 在《自然哲学》(*Naturphilosophie*) 中将该理论扩展为所有力的统一, 力仅代表统一力的一种形式, 且不同的力之间可以相互转换, 形成了统一场论的最初概念 (von Schelling, 1797)。受《自然哲学》的影响, 奥斯特 (Oersted, 1820) 展示了电流对磁针和圆形电磁力的直接影响, 尽管奥斯特还没有将它们合并成一个力。

这项合并工作后来由麦克斯韦完成 (Maxwell, 1865), 他建立了麦克斯韦方程组。该方程组目前的形式由奥利弗·赫维赛德 (Oliver Heaviside) 在 1885 年完成 (Forbes and Mahon, 2014), 他通过矢量化将最初的 20 个方程简化为 4 个。

$$\nabla \cdot \boldsymbol{E} = \frac{\rho}{\varepsilon_0} \tag{1.1}$$

$$\nabla \cdot \boldsymbol{B} = 0 \tag{1.2}$$

$$\nabla \times \boldsymbol{E} = -\frac{\partial \boldsymbol{B}}{\partial t} \tag{1.3}$$

$$\nabla \times \boldsymbol{B} = \mu_0 \left( \boldsymbol{J} + \varepsilon_0 \frac{\partial \boldsymbol{E}}{\partial t} \right) \tag{1.4}$$

矢量化后的形式为带有微分算符 $\nabla$ 的微分方程, $\nabla$ 表示三维梯度算子。麦克斯韦方程组也可以写为积分的形式。式中, $E$ 为电场矢量, $B$ 为磁场矢量; $\varepsilon_0$ 为自由空间的介电常数, $\mu_0$ 为自由空间的磁导率; $\rho$ 为总电荷密度, $J$ 为总电流密度。

这四个方程也分别称为高斯定律、高斯磁定律、法拉第定律和麦克斯韦–安培定律。这些方程是雷达遥感的基础, 描述了电场和磁场, 以及电荷、电流和变化。麦克斯韦方程组对建立光速的理论基础起到了促进作用, 并使人们了解到所有电磁波 (包括微波) 都在以光速 $c$ 传播。

$$c = \frac{1}{\sqrt{\varepsilon_0\mu_0}} \tag{1.5}$$

有了麦克斯韦方程对该理论的公式表述和赫兹的实验证明之后, 相关应用也诞生了, 例如, 1902 年古列尔莫·马可尼 (Guglielmo Marconi) 成功在大西洋上空发射了无线电波。

回声定位是指发射某个波并通过其返回的能量来定位物体的方法。这种思想在 1900 年左右就已经为人所知。回声定位最初是从采用声波发展起来的, 例如, 用喇叭发送声波后, 接收回声并测量时间差来确定 (如冰山的) 方向和距离。特斯拉 (Tesla) 展示了使用无线电波进行回声定位的可能性, 但还有一些细节问题没有解决。赫尔斯迈耶首先提出了解决方案, 并为此申请了专利 (Hülsmeyer, 1904)。1922 年, 马可尼提出了一种更先进的利用无线电波进行探测和测距的方法。沃特森–瓦特 (Robert Alexander Watson-Watt) 开发了第一个脉冲雷达系统, 他于 1935 年获得了雷达 (radio detection and ranging, Radar) 设备的专利。

第一个雷达系统使用非常长的波长, 因此需要巨大的天线。为了使雷达系统不那么笨重以便于在船上和飞机上使用, 有必要缩小其体积。空腔磁控管使这一点成为可能。空腔磁控管是一种大功率真空管, 通过电磁相互作用, 经过作为共振体的开放金属腔产生微波。世界各地的许多团队都在研究这种或类似的设备。在德国和其他一些国家, 速调管是产生微波的首选设备, 因为其具有更好的频率稳定性。这是基于艾格尼丝·阿森耶娃–海尔 (Agnes Arsenjewa-Heil) 和奥斯卡·海尔 (Oskar Heil) 所做的工作。同时, 拉塞尔·瓦里安 (Russel Varian) 和西格德·瓦里安 (Sigurd Varian) 在斯坦福大学也制作并发布了这样一个原型 (Varian & Varian, 1939), 尽管他们很可能并不知道彼此。

由伯明翰大学的约翰·兰德尔 (John Randall) 和哈利·布特 (Harry Boot) 开发的空腔磁控管是一个突破。这种设备可采用更小的天线生成波长 10 cm 的几千瓦的脉冲, 减小了雷达系统的尺寸。世界上第一个机载测绘雷达——1943 年皇家空军用于导航和第一次夜间轰炸的 H2S 雷达——正是以此为基础。

卡尔·威利 (Carl Wiley) 在古德伊尔飞机公司工作时提出的 "多普勒波束锐化" 技术是雷达遥感设备的下一个突破。该技术提高了雷达系统的空间分辨率。因为发明了这项技术, 卡尔·威利被认为是合成孔径雷达 (synthetic aperture radar, SAR) 的发明者。

1967 年, 第一个使用机载 SAR 的大型测绘项目于巴拿马进行。该项目的成功引发了更多后续的项目活动, 例如在委内瑞拉开展的项目。热带地区几乎一直有云覆盖, 微波穿透云层的能力使 SAR 对于热带地区的测绘任务来说特别有用。此外, SAR 可以适应更高的海拔, 并能更快地进行测绘。

1978 年, 第一个民用星载雷达成像系统 Seasat 投入使用, 但仅在 110 天之后就提前失效了。尽管如此, 该系统仍然展示了星载雷达的强大能力。此后又有于 1981 年 (SIR-A)、1984 年 (SIR-B) 和 1994 年 (SIR-C/X-SAR) 开展的航天飞机成像雷达 (Shuttle Imaging Radar, SIR) 任务。

ERS-1 于 1991 年发射, 它具有的雷达干涉测量和差分干涉测量能力使其成为 SAR 遥感的先驱。ERS-2 于 1994 年发射, 而 ERS-1 的使用寿命极长 (一直持续到 2000 年), 因此联合 ERS-1 和 ERS-2 可实现较短时间基线下的干涉测量。ERS 任务的成功引起了欧洲空间局 (European Space Agency, ESA) 对 C 波段系统的持续投资——搭载 ASAR 传感器的 ENVISAT 卫星于 2002 年发射并一直运行到 2012 年。

ERS 任务在干涉 SAR 生成数字高程模型 (digital elevation model, DEM) 方面取得了成功, 并引发了航天飞机雷达地形测绘任务 (Shuttle Radar Topography Mission, SRTM) 的发展。SRTM 是由美国国家航空航天局 (NASA)、德国宇航中心 (DLR) 和意大利航天局 (ASI) 合作的联合任务。SRTM 首次采用了固定基线的单轨星载合成孔径雷达干涉测量 (interferometric synthetic aperture radar, InSAR) 系统。SRTM 在 10 天内完成了建立全球 DEM 的目标, 其精度和覆盖范围都达到了前所未有的水平。

2007 年 6 月, DLR 发射了其第一颗高分辨率的 SAR 卫星——TerraSAR-X, 随后于 2010 年又发射了一颗孪生的 TanDEM-X 卫星。两颗卫星近距离编队运行, 相距仅几百米, 可实现双基地 SAR 获取, 非常适合生成 DEM。该项目获取了地球整个陆地表面的高分辨率 DEM, 其分辨率为 12 m, 垂直精度在 2 m 以内。

本章简要回顾星载 SAR 系统的发展历史, 因此还有另外几个具有里程碑意义的卫星介绍如下。意大利航天局的 COSMO-SkyMed 星座与 2007 年发射的 TerraSAR-X 类似, 也提供 X 波段的高分辨率 SAR 图像。

ERS-1 发射后不久, 日本宇宙航空研究开发机构 (Japanese Aerospace Exploration Agency, JAXA) 于 1992 年发射了其第一颗 SAR 卫星 JERS-1。随后, JAXA 继续致力于研发 L 波段的 ALOS PALSAR (2006—2011)SAR 系统, 并于 2014 年发射 PALSAR-2。

加拿大国家航天局 (Canadian Space Agency, CSA) 于 1995 年发射了第一颗商用 SAR 卫星 Radarsat-1。Radarsat-1 服役直到 2013 年, 超过了 17 年, 也超出了预期寿命。Radarsat-2 于 2007 年发射, 目前仍在运行。2019 年, 由 3 颗卫星组成的 Radarsat 星座任务 (Radarsat Constellation Mission, RCM) 成功发射。

ESA 于 2014 年开展了 Sentinel-1 任务, 首先发射了 Sentinel-1A 卫星, 随后在 2016 年又发射了 Sentinel-1B 卫星。以 12 天为周期全球覆盖的 Sentinel 卫星非常值得关注。得益于哥白尼计划的开放数据政策, Sentinel 的全球数据可以免费获取。作为哥白尼计划中的一部分, Sentinel-1 提供了全球可用的时间序列 SAR 数据的宝库。

中国于 2012 年发射了 HJ-1C 卫星, 该卫星曾发生过故障, 但经过调整后仍在使用。2016 年, 中国发射了另一颗 SAR 卫星 "高分三号" (GF-3), 且还有更多 SAR 系统在准备中。

韩国于 2016 年发射了 KOMPSAT-5 卫星, 也加入了 SAR 卫星拥有者的俱乐部。2018 年, 西班牙和阿根廷分别发射了 PAZ 和 SAOCOM 卫星。

除了传统的国家航天机构, 私营公司和初创企业也计划或已经发射了 SAR 卫星, 比如一家芬兰公司运营的 "冰眼" (ICEYE) 卫星, 还有美国的卡佩拉太空公司 (Capella Space) 也在运营着 SAR 卫星。企业以及传统的空间机构也正计划补充 SAR 星座, 一个 SAR 星座中会有几个类似的 SAR 卫星运行, 以增加重访频率。因此, 图 1.2 所示的可用 SAR 卫星数量的提升只是一个开始, 可以预期未来还会有更进一步的发展。

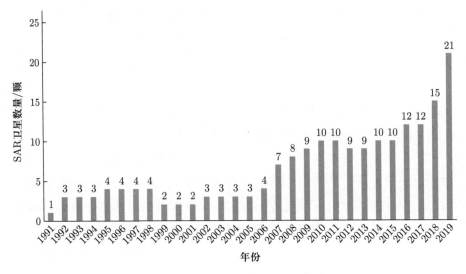

图 1.2    在轨的民用 SAR 卫星数量

# 第 2 章

# 合成孔径雷达简介

雷达, 特别是合成孔径雷达 (synthetic aperture radar, SAR), 是重要的遥感传感器。在学习如何使用 SAR 进行地表形变测量之前, 必须先对雷达和 SAR 的基础知识有所了解。本章以船舶检测为例, 结合实际应用对此进行介绍。

船舶检测是一项基本的遥感任务, 在海事管理和安全相关的作业中有许多相关应用。船舶检测遥感系统应具备区分水与船的能力, 以保证较高的检测率。此外, 遥感系统应在任何天气和昼夜条件下都能对船舶进行检测, 从而可以进行持续的监视。对此, 雷达系统是理想的选择, 甚至可以说雷达系统就是为此而建立的。最早的雷达系统由 Hülsmeyer (1904) 发明, 专门用于在恶劣天气条件下探测水中的金属目标。

## 2.1  船舶检测遥感系统的技术构思

### 2.1.1  电磁波谱

船舶检测系统应该能够在任何天气和昼夜条件下进行工作, 意味着不能采用在电磁波谱中的可见光范围内工作的系统, 因为这些短波长的电磁波不能穿透云雾。此外, 也不能采用依赖太阳作为光源的被动式遥感系统, 因为这种系统只能在白天工作。因此, 需要的是一个主动式的遥感系统, 且该系统在能够穿透云雾的频率范围内运行。

如图 2.1 所示, 可见光范围内的电磁波具有良好的大气传输能力。在更长的光学波段, 例如反射红外和热红外, 存在大气窗口使得某些波长的电磁波可以传输。然而, 只有在波谱中的微波部分, 即 1 cm 至大约 1 m 的波长范围内, 我们才再次看到很高的大气透射率。事实上, 正是因为微波波谱范围内的电磁波可以穿透云雾, 才让雷达系统也具有了 "看穿" 云雾的能力。

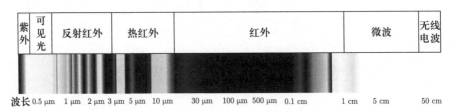

图 2.1    电磁波谱。白色部分代表可以在大气中完全传播, 黑色部分代表完全不能传播

雷达是主动式的遥感系统。电磁波由雷达系统发射, 并由相同的或另一个系统接收。因此雷达系统不依赖于太阳光, 可以无视昼夜条件进行工作。然而, 雷达系统的运行需要更多的能量, 这一点不同于被动式的遥感系统。星载 SAR 系统的运行通常利用了太阳能。主动式微波遥感系统的这些特性使我们可以在 (几乎) 所有天气条件下, 并不受昼夜影响地使用它们, 满足了船舶检测应用的基本要求。

### 2.1.2    微波散射规律

能在各种条件下工作这一点很重要, 但对于一个遥感系统来说, 能够区分感兴趣的对象 (即船舶) 和背景 (即水) 也很重要。

微波用于船舶检测

雷达系统在微波波谱范围内传输电磁波。雷达系统可以分为两类: 单基地雷达系统和双 (或多) 基地雷达系统。单基地雷达系统使用同一根天线进行电磁信号发射和后向散射接收。在双 (或多) 基地雷达系统中, 一个天线用来发射信号, 另一个天线或多个其他天线用于接收信号。除非特别提到, 本书将默认考虑单基地雷达系统。

还可以进一步地对连续波雷达系统和脉冲雷达系统进行区分。连续波雷达系统由一个天线发射连续的雷达信号, 同时由另一个天线连续地接收信号。脉冲雷达系统以脉冲形式发射信号, 然后天线切换到接收模式并接收后向散射, 直到再次发射信号。后续我们将只考虑脉冲雷达系统, 尽管我们也可以设计出装载连续波雷达的船舶检测系统。

给定单基地脉冲雷达系统, 发射出的雷达信号随后会回到雷达系统。从雷达发射到目标上, 被目标反射并被雷达天线接收的信号称为后向散射信号, 其强度很大程度上取决于被观测物体的物理性质。目标表面的粗糙度以及目标表面朝向传感器的方向是主要因素。

图 2.2 中假定了这些反射面都具有足够高的介电常数来产生后向散射。水具有很高的介电常数并且强烈地反射微波信号。然而, 若考虑水面为光滑的面, 雷达信号将被反射至远离传感器的方向, 因此单基地系统无法接收到该信号。以上是平静水面的情况。假设表面比较粗糙, 则部分信号会被反射回传感器, 例如湍流的水面或植被覆盖的区域。然而, 如果那些被反射至远离传感器方向的微波能够被再次反射回传感器, 例如通过像船这样的金属目标, 那么即使光滑的表面也会产生非常强的后向散射。这也是雷达遥感图像中水上船舶识别性强的主要原因。雷达波从平静的水面反射出去, 导致水面在雷达图像中振幅很低, 而击中船舶的雷达信号则被反射回传感器。此外, 信号若接触到船周围的水面, 则也可以被反射到船体上, 然后返回传感器。这种效应称为双反射, 会产生非常强的后向散射, 从而使船舶在雷达图像中表现出非常高的振幅。以上原因使得船舶在平静水域这种低振幅背景下可以很容易地被识别出来。

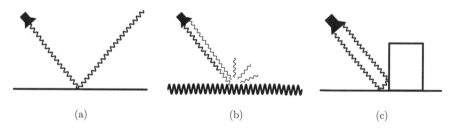

图 2.2   来自光滑表面 (a)、粗糙表面 (b) 和二面角 (c) 的 SAR 反射

## 2.2   船舶尺寸与雷达后向散射的关系

除了探测水中的目标外, 估计出目标的大小也是有意义的。接收到的雷达信号的强度可以指示目标的大小, 因为目标越大, 可以反射回传感器的能量就越多。

### 2.2.1  雷达方程

雷达系统这样的主动传感器所具有的优点之一就是能够发射一个明确定义的信号。了解发射信号的性质, 可以更好地了解被测目标的物理性质。雷达方程描述了雷达系统的发射功率和接收功率之间的关系。下面, 我们将逐步对雷达方程进行讨论。首先, 已知传输功率 $P_t$, 其单位是瓦特 (W)。给定距离为 $r$, 则功率密度计算如下:

$$\frac{P_t}{4\pi r^2} \tag{2.1}$$

功率密度的单位为 $\mathrm{W \cdot m^{-2}}$, 可以理解为将功率乘以了一个半径为 $r$ 的球体的表面积的倒数。雷达的天线方向性增益一般用 $G$ 表示, 是一个无量纲量, 由天线有效面积 $A_e$ 和系统波长 $\lambda$ 通过式 (2.2) 计算得到:

$$G = \frac{4\pi A_e}{\lambda^2} \tag{2.2}$$

因此, 可以推导出目标处的功率密度为

$$\frac{P_t}{4\pi r^2} G \tag{2.3}$$

若观测目标以面积 $A$ 截取信号, 则可以推导出目标处的功率 (单位为 W) 为

$$\frac{P_t}{4\pi r^2} G A \tag{2.4}$$

$\sigma^0$ 是描述目标后向散射特性的一个重要的量, 为后向散射回雷达系统的能量的比例。由于这个信号又被传输回传感器, 因此它的能量又要乘以以下因子, 进一步降低了:

$$\frac{1}{4\pi r^2} \tag{2.5}$$

我们可以这样理解, 发生后向散射的目标就像另一个天线, 目标处的功率会乘以半径为 $r$ 的球体表面积的倒数而再次降低。因此天线接收的功率密度为

$$\frac{P_t}{4\pi r^2} \cdot G \cdot A \cdot \sigma^0 \cdot \frac{1}{4\pi r^2} \tag{2.6}$$

因此, 天线通过其有效面积 $A_{\mathrm{e}}$ 接收的功率为

$$\frac{P_{\mathrm{t}}}{4\pi r^2} \cdot G \cdot A \cdot \sigma^0 \cdot \frac{A_{\mathrm{e}}}{4\pi r^2} \tag{2.7}$$

最终给出接收功率 $P_{\mathrm{r}}$ 的雷达方程:

$$P_{\mathrm{r}} = \frac{A_{\mathrm{e}}GP_{\mathrm{t}}}{(4\pi)^2 r^4}\sigma^0 A \tag{2.8}$$

对雷达方程进行分析, 我们发现接收功率 $P_{\mathrm{r}}$ 会随着距离以 $r^4$ 的倒数为系数急剧降低。此外, 描述目标性质的变量只有两个, 分别为雷达测量覆盖的面积 $A$ 和后向散射至雷达的能量比例 $\sigma^0$。假设被测目标的材料的特性相近, 也因此会有相近的后向散射能量比例, 则接收到的功率与目标的大小直接相关, 因此可以估计出目标被照射区域的大小。

然而, 目标被照射区域的大小并不等同于目标的大小。再次以船舶举例, $A$ 在很大程度上取决于船的航向以及雷达的视角。

通常, 我们用 $\sigma^0$ 乘以 $A$ 表示目标的雷达散射截面 (radar cross section, RCS), 表示为 $\sigma$, 单位为 $\mathrm{m}^2$。由于整幅雷达图像的后向散射功率会存在很大差异, 通常要转为对数刻度, RCS 的单位也就因此变为了分贝 (dB), $\mathrm{dB} = 10\log_{10}(P)$, 其中 $P$ 为功率比。考虑 RCS 时, 功率比常通过将 RCS 除以 $1~\mathrm{m}^2$ 得到, 因此当 RCS 以 dB 给出时是没有单位的。

### 2.2.2　船舶的雷达后向散射控制

雷达在海上探测应用广泛, 因此控制船舶的 RCS 具有一定的意义。小型船舶会想要增加 RCS, 从而更容易被发现, 使航行更安全。军用舰艇可能会想要减少 RCS 来提高隐身能力。在以上两种情况下, 对 RCS 的控制都是非常重要的。

小型船舶可以通过安装人工雷达反射目标来增加 RCS。伦博透镜 (Gutman, 1954; Luneburg, 1944) 可以在所有方向上增加 RCS, 其他人工目标则都或多或少与观测方向有关。人工目标还有一个优点是可以计算出其理论后向散射峰值, 可用于雷达系统的定标。

对于图 2.3 中人工目标 RCS 的计算, 可以采用以下公式:

$$\mathrm{RCS} = \frac{4\pi}{\lambda^2}A_{\mathrm{s}}{}^2 \tag{2.9}$$

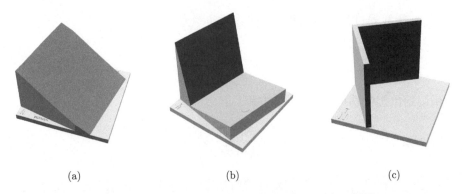

$$(a) \qquad\qquad (b) \qquad\qquad (c)$$

图 2.3 人工目标: (a) 镜面; (b) 二面角; (c) 角反射器

其中, $A_s$ 取决于目标的大小并且是可以计算的。

$$A_s = a \cdot b$$

其中, $a$ 和 $b$ 描述了构成镜面的矩形的大小。

$$A_s = \sqrt{2} \cdot a \cdot b$$

其中, $a$ 和 $b$ 表示构成二面角的两个矩形的大小。

$$A_s = \sqrt{3} \cdot a^2$$

其中, $a$ 表示角反射器的边长。

同时, 为了减少 RCS, 需要减少船舶中将信号反射回传感器的反射面积, 可尝试让反射能量远离传感器, 并使用某些只会反射很小一部分雷达信号的材料。有关雷达截面的更详细的讨论, 可以参考 Knott 等 (2004)。

### 2.2.3 雷达遥感系统船舶检测所需技术指标示例

假设我们有一个星载 SAR 系统, 其峰值传输功率 $P_t$ 为 5000 W, 传感器距目标 700 km, 照射面积为 60 km$^2$ 的一块区域。假设天线方向性增益 $G$ 为 40 000, 天线面积为 10 m$^2$。后向散射功率的比例假设为 5%。根据雷达方程可以

计算出接收功率:

$$P_{\mathrm{r}} = \frac{A_{\mathrm{e}} G P_{\mathrm{t}}}{(4\pi)^2 r^4} \sigma^0 A$$

得到接收功率 $P_{\mathrm{r}} = 1.58 \times 10^{-10}$ W。由此可以看出, 传输功率 $P_{\mathrm{t}}$ 和接收功率 $P_{\mathrm{r}}$ 间是有很大差异的。

　　如示例中所展示的那样, 回波功率比发射功率低了 135 dB。因此, 传输功率中只有很小一部分被星载雷达系统接收了。

　　这对雷达系统的设计造成了影响。发射和接收功率间差异既然如此巨大, 就十分有必要区分这两种功率, 因为收发都采用同一根天线。必须避免将传输功率漏到接收系统中, 而这对于双基地雷达系统来说尤其困难。

　　船舶检测需要高的信杂比 (signal-to-clutter ratio, SCR) 来保证探测清晰, 即保证来自船舶的信号必须比背景信号强烈得多。在我们这个简单的示例中, 可将角反射器安置在船上来保证 RCS 足够高。一般需要 20 dB 的 SCR 来保证良好的鉴别力。

　　假设传感器以波长为 5.15 cm 的 C 波段工作, 像元大小为 10 m × 10 m。假设海面非常平静, 大多数的信号都被反射至远离传感器的方向, 所以设噪声为 $-15$ dB。计算出背景的 RCS 为

$$\mathrm{RCS}_{\mathrm{background}} = 10\ \mathrm{m} \times 10\ \mathrm{m} \times 10^{-1.5} = 3.16\ \mathrm{m}^2$$

即 5 dB。

　　要使 SCR 达到 20 dB, 则人工目标的信号强度峰值需要达到 25 dB, 等同于需要达到 316 m² 的 RCS。人工目标的 RCS 的计算如下:

$$\mathrm{RCS} = \frac{4\pi}{\lambda^2} A_{\mathrm{s}}^2$$

因此可以计算出所需的 $A_{\mathrm{s}}$ 为

$$A_{\mathrm{s}} = \sqrt{\frac{\mathrm{RCS} \cdot \lambda^2}{4\pi}} = 0.26\ \mathrm{m}^2$$

　　对于角反射器, 有

$$A_{\mathrm{s}} = \sqrt{3} \cdot a^2$$

因此, 我们需要角反射器的边长 $a$ 达到

$$a = \sqrt{\frac{A_\mathrm{s}}{\sqrt{3}}} = 0.32 \text{ m}$$

因此, 假设雷达照射方向合适, 采用边长为 32 cm 的角反射器将满足 SCR 达到 20 dB 的要求, 在平静海面弱后向散射背景下实现足够清晰的检测。然而, 海面并非一直平静, 波浪也会引起 SAR 图像中显著的后向散射。如图 2.4 所示, 剧烈的波浪可能会使镜面反射回到传感器, 从而引起很高的振幅 (图 2.5)。

若想要在这种情况下也能保证 20 dB 的 SCR, 应将背景噪声假设得更高。

图 2.4　剧烈波浪的镜面反射

图 2.5　2019 年 1 月 26 日三沙地区的 TerraSAR-X 图像显示了波浪引起的后向散射 (©DLR, 2019)

如果假设波浪的后向散射为 1 dB,

$$\mathrm{RCS}_{\mathrm{background}} = 10\ \mathrm{m} \times 10\ \mathrm{m} \times 10^{0.1} = 126\ \mathrm{m}^2$$

则背景的强度已经达到了 21 dB, 因此角反射器的后向散射强度需要达到 41 dB。为达到所需的 12 600 m² 的 RCS, 角反射器需有

$$A_{\mathrm{s}} = \sqrt{\frac{12\,600\ \mathrm{m}^2 \times (0.0515\ \mathrm{m})^2}{4\pi}} = 1.63\ \mathrm{m}^2$$

$a = 0.97\ \mathrm{m}$ 的边长。

以上所有的计算都没有包括船体本身的后向散射。此外, 角反射器并不会在所有视向上都有强烈的后向散射。然而, 有些反射器诸如八面体反射器可以在几乎所有方向上提供较强的后向散射, 八面体已广泛用于增加大小型船舶的 RCS。

从示例中可以看到, 雷达系统在平静水面中可以很容易地以较高 SCR 识别船舶。只需边长达到 30 cm 的三面角反射器, 雷达系统就能探测到船舶。即使不添加人工目标, 许多船舶本身也会形成这样的三面角, 特别是较大的金属船舶上甚至存在 1 m 大小的三面角, 能使其在波浪中以高 SCR 被检测到。

# 2.3  利用雷达遥感系统区分不同的船舶

能够获取一艘船舶的后向散射并将其从水中区分出来, 这一点固然关键, 但除此之外, 系统的空间分辨率或角分辨率也非常重要, 因为高分辨率可以区分不同目标的后向散射, 并确定给定区域内船舶的数量和类型。然而, 雷达系统和光学系统的分辨率有着根本的区别。

## 2.3.1  雷达系统的分辨率

雷达系统具有两个相互独立的分辨率。首先, 距离向上有一个分辨率。距离向是指信号传输的方向。雷达系统通过从发射信号到接收到信号的时间来确定距离。此外, 还有另外一个方向的分辨率, 在遥感中通常称为方位向分辨率, 其大小取决于系统的角分辨率。

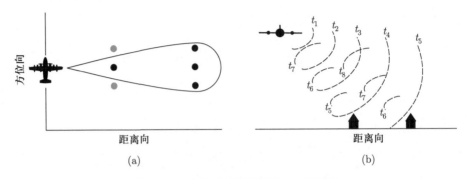

图 2.6    方位向 (a) 和距离向 (b) 分辨率

如图 2.6a 所示, 雷达的方位向分辨率取决于角分辨率。距传感器更远的三个黑色目标点无法被系统区分, 然而距离传感器更近一点, 在近斜距处, 可以区分黑点和另外两个灰点。在距离向, 如图 2.6b 所示, 在近斜距和远斜距处, 不同目标的回波会于不同的时间返回。距离向分辨率取决于区分这些不同时间的脉冲的能力。

1) 雷达系统的角分辨率

角分辨率取决于衍射极限。衍射极限可由瑞利准则 (Rayleigh, 1879) 推出, 且可以近似为

$$\alpha \approx \frac{\lambda}{A_{\mathrm{d}}} \tag{2.10}$$

其中, $A_{\mathrm{d}}$ 为孔径直径。

以人眼为例, 假设人眼直径近似为 5 mm, 并在波长 $\lambda = 500$ nm 下工作, 通过简单的三角函数估计出距离 $r$ 为 700 km 时的分辨率为

$$\text{resolution} = \tan\alpha \cdot r = 70 \text{ m}$$

其中, resolution 表示分辨率。然而, 假设星载雷达船舶探测系统工作在 C 波段, 波长 $\lambda = 5.15$ cm, 天线直径为 10 m, 则分辨率为 3.6 km。这样的分辨率无法区分不同的船只。

2) 雷达系统的距离向分辨率

雷达系统的距离向分辨率取决于脉冲持续时间 $\tau$。斜距分辨率, 即系统视线方向的分辨率, 可通过式 (2.11) 计算:

$$\delta_{\mathrm{rg}} = \frac{c\tau}{2} \tag{2.11}$$

其中, $c$ 为光速。系数 2 是因为信号从传感器发射, 到达目标并返回共经过了两次斜距路程。实际中, 人们经常更关心雷达系统对应于地面的分辨率, 也称为地距分辨率, 而不是上文所述的斜距分辨率。地距分辨率与入射角 $\theta_{\mathrm{inc}}$ 有关。

$$\delta_{\mathrm{grd}} = \frac{\delta_{\mathrm{rg}}}{\sin\theta_{\mathrm{inc}}} = \frac{c\tau}{2\theta_{\mathrm{inc}}} \tag{2.12}$$

若假设脉冲长度为 $\tau = 40\ \mu\mathrm{s}$, 则斜距分辨率为

$$\delta_{\mathrm{rg}} = \frac{299\,792\,458\ \mathrm{m}\cdot\mathrm{s}^{-1} \times 40 \times 10^{-6}\ \mathrm{s}}{2} = 5996\ \mathrm{m}$$

同样, 约 6 km 的斜距分辨率将无法对船舶进行区分。因此, 有必要提升距离向分辨率。提升分辨率, 就要减小脉冲长度。然而对于脉冲长度的减小是有限制的, 因为很难以非常短的时间传输一个具有足够能量的脉冲。

3) 通过调频信号提高距离向分辨率

距离向分辨率可以通过减小脉冲长度来提高, 但受限于在非常短的时间内传输一个具有足够能量的脉冲的技术难题。或者, 我们可以传输一个频率随时间线性增加的更长的脉冲, 也称为啁啾 (chirp) 信号。接收到的信号经匹配滤波器滤波, 与参考信号相拟合, 从而可以分离出接收到的不同频率的返回信号, 因此信号可以按照频率分离。这样可以显著提升距离向分辨率, 但需要更大的频率范围。

一个啁啾信号的等效脉冲长度 $\tau$ 为

$$\tau = \frac{1}{B} \tag{2.13}$$

其中, $B$ 为信号的带宽, 在中心频率的周围。

$$\delta_{\mathrm{rg}} = \frac{c}{2B} \tag{2.14}$$

因此, 若带宽为 20 MHz, 则等效脉冲长度为

$$\tau = \frac{1}{20 \times 10^6 \text{ Hz}} = 50 \text{ ns}$$

对应的斜距分辨率为

$$\delta_{\text{rg}} = \frac{299\,792\,458 \text{ m} \cdot \text{s}^{-1} \times 50 \times 10^{-9} \text{ s}}{2} \approx 7.5 \text{ m}$$

采用啁啾信号可使距离向分辨率极大提高, 从而可以在实际应用中区分不同的船舶。可用带宽是一个限制因素。无线电频谱的带宽是有限的。手机信号、电视信号、无线电信号等都在争夺带宽。因此, 频率范围也是有限的, 还与波段有关。

### 2.3.2    机载侧视雷达系统

假设我们使用的是机载侧视雷达系统。为了更高的角分辨率, 采用波长为 3 cm 的 X 波段。为了区分出较大的船只, 至少要在距离向和方位向上都达到 20 m 的地面分辨率。假设飞行高度为 5000 m, 入射角为 45°。

传感器将采用啁啾脉冲来提高距离向分辨率:

$$\delta_{\text{rg}} = \delta_{\text{grd}} \sin \theta_{\text{inc}} = 20 \sin(45°) = 14.1 \text{ m}$$

需要的 $\tau$ 为

$$\tau = \frac{2\delta_{\text{rg}}}{c} = 94 \text{ μs}$$

对应的带宽 $B$ 为

$$B = \frac{1}{\tau} = 10.6 \text{ MHz}$$

波长 $\lambda$ 为 3 cm, 则雷达中心频率 $f_{\text{c}}$ 为

$$f_{\text{c}} = \frac{c}{\lambda} = 9.993 \text{ GHz}$$

若采用的带宽为 12 MHz, 则调频雷达信号的传输频率为 9.987 GHz 至

9.999 GHz。系统的方位向角分辨率 $\varphi_{az}$ 可通过以下公式估计：

$$\varphi_{az} = \frac{\lambda}{l_{ra}}$$

其中，$l_{ra}$ 为真实孔径的长度。方位向分辨率取决于斜距 $r$：

$$\delta_{az} = r\frac{\lambda}{l_{ra}} \tag{2.15}$$

若飞行高度为 5000 m，入射角为 45°，则

$$r = \frac{5000 \text{ m}}{\sin(45°)} = 3535 \text{ m}$$

可以推导出所需的天线尺寸为

$$l_{ra} = \frac{r\lambda}{\delta_{az}} = \frac{3535 \text{ m} \times 0.03 \text{ m}}{20 \text{ m}} = 5.3 \text{ m}$$

于机载系统上搭载长为 5.3 m 的天线是可以做到的，但这样的天线尺寸已经很大了。此外，观察以上公式可以发现，天线孔径很大程度上取决于斜距。因此，星载系统上需要的天线尺寸将大得多，例如，假设卫星在距离 700 km 远处，则所需的天线尺寸 $l_{ra}$ 将增加至：

$$l_{ra} = \frac{700\,000 \text{ m} \times 0.03 \text{ m}}{20 \text{ m}} = 1050 \text{ m}$$

不可能在太空中部署长达 1 km 的天线。因此，必须进一步减小系统的天线尺寸。为了这个目的，可以通过平台的飞行运动来构建一个虚拟的天线孔径，称为合成孔径。

### 2.3.3 合成孔径雷达系统

合成孔径雷达 (synthetic aperture radar, SAR) 的主要思想是通过形成沿传感器航迹的合成孔径天线来增加天线尺寸。也就是说，为了使合成孔径雷达系统能够工作，传感器需要在图像获取过程中保持运动状态 (图 2.7)。

也可以让传感器在某位置保持不动，而通过后向散射的目标的移动来形成合成孔径，称为逆合成孔径雷达 (inverse SAR, ISAR)。

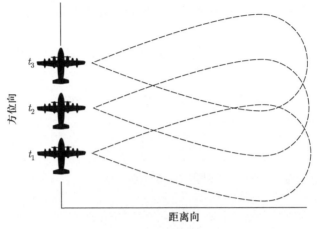

图 2.7　合成孔径的形成

假设传感器沿直线运动, SAR 传感器沿着航迹以一定的脉冲重复频率 (pulse repetition frequency, PRF) 传输并接收雷达脉冲。通过结合这些沿航迹的脉冲, 可以形成一个更大的合成孔径。总之我们需要传感器的运动, 以利用较小的真实孔径沿航迹的脉冲来形成一个较大的合成孔径。

该合成孔径的尺寸 $l_{\mathrm{sa}}$ 取决于真实孔径的角分辨率 $\varphi_{\mathrm{az}}$, 以及传感器与目标之间的距离 $r$。可以通过真实孔径的方位向分辨率计算公式来得到 $\varphi_{\mathrm{az}}$。

$$l_{\mathrm{sa}} = \varphi_{\mathrm{az}} \cdot r = \frac{\lambda}{l_{\mathrm{ra}}} r \tag{2.16}$$

其中, $l_{\mathrm{ra}}$ 为真实孔径的尺寸。对于合成孔径来说, 由于脉冲压缩, 雷达旁瓣 $\varphi_{\mathrm{sa}}$ 仅为一半, 因此:

$$\varphi_{\mathrm{sa}} = \frac{\lambda}{2l_{\mathrm{sa}}} \tag{2.17}$$

综合以上公式, 得到合成孔径的分辨率 $\delta_{\mathrm{sa}}$ 为

$$\delta_{\mathrm{sa}} = r\frac{\lambda}{2l_{\mathrm{sa}}} = \frac{\lambda l_{\mathrm{ra}} r}{2\lambda r} = \frac{l_{\mathrm{ra}}}{2} \tag{2.18}$$

$$\delta_{\mathrm{sa}} = \frac{l_{\mathrm{ra}}}{2} \tag{2.19}$$

以上推导显示出了一个惊人的效果: SAR 系统的分辨率可以减少到真实孔径尺寸的一半, 且与传感器和目标之间的距离无关。也就是说, SAR 系统可以在

方位向和距离向上都达到较高的分辨率, 且都无关于传感器与目标之间的距离。因此, 星载 SAR 系统也可以达到与机载 SAR 系统相当的分辨率。

从多普勒的角度也可以理解 SAR 系统是如何提升方位向分辨率的。通过分析回波的频移, 可以确定传感器与目标的相对运动。因此, 可以判断出传感器是正在靠近目标还是正在远离目标。根据沿航迹的多普勒频移, 可以确定传感器在何时与目标相距最近, 从而确定目标在方位向上的位置。

*SAR 图像聚焦*

SAR 图像的获取分为两步。首先是数据获取, 即接收目标的后向散射。从这样的原始 (raw) 数据中, 后续可通过 SAR 的聚焦处理来获得图像。SAR 的原始数据中记录了许多个沿轨脉冲, 单点的后向散射贡献可能分布在 $10^4$ 至 $10^7$ 个采样里。必须对原始数据进行 SAR 聚焦处理, 才能得到一幅具有意义的 SAR 图像。

SAR 的聚焦处理分为方位向聚焦和距离向聚焦。距离向上的啁啾信号以及方位向上的合成孔径都需要进行聚焦。

首先进行距离向聚焦, 为此需要生成一个啁啾信号作为参考。

$$v(\tau) = \exp(j \cdot \pi \cdot K_{\mathrm{r}} \cdot \tau^2), \quad -\frac{\tau_{\mathrm{c}}}{2} < \tau < \frac{\tau_{\mathrm{c}}}{2}$$

其中, $j$ 是虚数单位, $K_{\mathrm{r}}$ 为线性调频速率, $\tau_{\mathrm{c}}$ 为啁啾信号的脉冲持续时间。$v(\tau)$ 以步长 $\Delta\tau$ 生成:

$$\Delta\tau = \frac{1}{f_{\mathrm{s}}}$$

其中, $f_{\mathrm{s}}$ 为距离向的采样频率。

以下给出距离向聚焦的伪代码:

```
input ：待聚焦的原始数据
output：距离压缩后的图像
for line ← 0 to size_image do
    row ← getRawDataLine(line);
    result ← fft(row) × conjugate(fft(RangeChirp));
    saveResultRow(line, ifft(result));
end
```

以上处理在频率域中进行, 因此需对上面的距离向啁啾信号 *RangeChirp* $v(\tau)$ 做快速傅里叶变换 (fast Fourier transform, FFT)。其复共轭将与傅里叶变换后的原始数据行相乘, 再将结果经快速傅里叶逆变换 (inverse of fast Fourier transform, IFFT) 转换后存储。

有趣的是, 尽管 SAR 图像在方位向和距离向的处理上有很大不同, 但聚焦非常类似。方位向聚焦也需要参考函数, 参考函数为

$$v(t) = \exp(i \cdot \pi \cdot K_a \cdot t^2), \quad -\frac{t_a}{2} < t < \frac{t_a}{2}$$

其中, $K_a$ 为方位向的调频速率 (FM rate), $t_a$ 为孔径合成时间。

$v(t)$ 的步长 $\Delta t$ 为

$$\Delta t = \frac{1}{\text{PRF}}$$

其中, PRF 为脉冲重复频率。调频速率 $K_a$ 可根据传感器相对于目标的飞行速率 $v_{\text{sensor}}$ 和传感器与目标间的斜距 $r$ 计算:

$$K_a = -2\frac{v_{\text{sensor}}^2}{\lambda r}$$

以下给出方位向聚焦的伪代码:

```
input ：经距离向压缩后的图像
output: 聚焦后的图像
for column ← 0 to size_image do
    col ← getRawDataColumn(column);
    result ← fft(col) × conjugate(fft(AzimuthChirp));
    saveResultColumn(column, ifft(result));
end
```

方位向的聚焦处理过程与距离向类似, "*AzimuthChirp*" 即是方位向的啁啾信号 $v(t)$。距离向的参考函数仅仅取决于发射出的啁啾信号的波形, 而方位向的参考函数取决于成像几何, 并与斜距有关。图 2.8 展示了方位向啁啾信号的实部的一个例子。

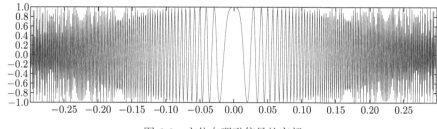

图 2.8　方位向啁啾信号的实部

距离徙动 (range cell migration, RCM) 是 SAR 的聚焦处理的影响因素之一, RCM 由任意固定点与雷达沿其轨迹运动期间的距离变化所引起, 可引起方位向散焦, 因此需要校正。RCM 是一个二维的、空间变化的问题, 同时也是 SAR 数据聚焦中最有挑战性的方面。对此已提出了一些解决方法。最常见的有基于 $\omega$-$k$ 的处理方法 (Cafforio et al., 1991)、距离多普勒 (range-doppler, RD) 算法, 以及 ChirpScaling (CS) 算法 (Raney et al., 1994)。这些方法的详细的分析和比较, 以及更多的关于 SAR 数据聚焦的信息可以在这几本书中找到: Carrara 等 (1995)、Cumming 和 Wong(2005)、Curlander (1982)。

# 2.4　SAR 的目标定位

SAR 系统可以作为精密的大地测量仪器使用。然而, SAR 系统只能精确测量天线和后向散射目标之间的距离, 且我们可以认为精确确定每个像元在方位向上的时间差也是 SAR 系统的一个固有能力。

因此, SAR 图像的几何特性与光学图像有很大的不同。SAR 的几何结构是基于时间的, 信号在距离向上的传输时间称为快时间, 方位向上的采集时间则称为慢时间。这些特性导致了 SAR 几何结构的一些性质。

## 2.4.1　SAR 的距离向几何

SAR 的距离向几何取决于信号的传输时间, 而传输时间又取决于目标与传感器之间的距离。但目标的位置是模糊的—— 目标可能所在的位置可以用一个以传感器位置为中心的、半径为 $r$ 的圆来表示, 这还要求传感器在方位向上的位置是精确已知的, 否则需改为假设一个以传感器位置为中心的球体。考虑传感器的入射方向, 描述雷达回波在空间中可能位置的圆可以简化为圆弧。当该圆弧与一个估计的或已知的高程相交时, 即可以确定目标在地距方向上的位置, 如图 2.9 中用 $x$ 表示。通过在整个图像中采用恒定的估计高程 (例如 0) 或已知的 DEM 可以获取地距图像。地距位置 $x$ 可由式 (2.20) 推导:

$$x = \sqrt{r^2 - (H - h)^2} \tag{2.20}$$

其中, $H$ 为传感器相对于某平面的高度, $h$ 为目标相对于该平面的高程。若每个目标都处在该平面的高程上, 以上方法就可以正确执行。真实图像中的情况并非如此, 因此会产生关于地形 (即高程) 的各种扭曲。

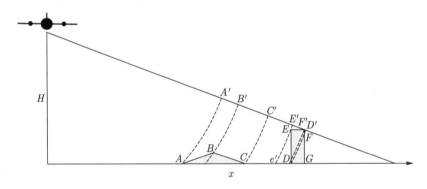

图 2.9    SAR 的距离向成像集合

图 2.9 中展示了这些扭曲现象。$A \sim G$ 表示不同的目标位置, $A' \sim G'$ 则表示这些目标在 SAR 斜距图像中的位置。目标的斜距位置取决于斜距 $r$ 处的圆弧与斜距平面的交点。同样, SAR 图像中目标的地距位置取决于圆弧与表示地面的平面的交点。通常假设该平面的高程为 0, 也可以估计出 SAR 图像的平均高度作为基准。

在 SAR 成像过程中, 位于参考平面高度的目标 $A$、$C$ 和 $D$ 可以被投影到正确的地距位置, 这些目标间的相对距离也将是准确的。然而, 目标 $B$ 具有的高度使其更接近于传感器。由于 $B$ 的位置由斜距 $r$ 处的圆弧与斜距或地距平面的交点所确定, $B$ 就被定位在了 $x$ 中距离传感器更近的位置, 而不是其真实位置。结果导致 $A'$ 与 $B'$ 之间的距离减小了, 称为透视收缩现象。相似地, SAR 图像中 $B'$ 与 $C'$ 之间的距离被放大了。

目标 $E$ 和 $F$ 的情况更为极端, 我们可以在 SAR 图像中发现目标 $E'$ 和 $F'$ 出现在目标 $D'$ 之前。这种现象称为叠掩。叠掩在建筑区的 SAR 图像中经常出现, 尤其是高层建筑可能会存在显著的叠掩效应。此外, 叠掩效应会引起 SAR 图像的模糊, 例如, 图 2.9 中 $E$ 的雷达回波将与 $e'$ 处可能存在的目标的回波同时到达传感器, 或者与斜距 $r$ 处的圆弧所在的任何目标同时到达。

最后, SAR 图像中无法找到目标 $G'$。因为 $G$ 落在了雷达阴影中, SAR 系统无法看到, 即 $G$ 不会反射任何信号至传感器。

### 2.4.2    SAR 定位的几何模型

SAR 图像的坐标系中, 一个轴代表了距离向上的信号传输时间, 对应于目标与传感器之间的距离 $r$。另一个轴则从给定的参考时间开始计时。该时间差 $\Delta t$ 可用于精确确定 SAR 图像中每个像元聚焦的时刻。因此, 可获得每个像元的方位向获取时间和信号从该传感器到目标的往返时间的精确信息。

传感器在空间中的位置可以基于方位向时间确定, 因此要求已知传感器在空间和时间上的位置信息, 这是每幅 SAR 图像元数据的组成部分。这些轨道星历通常基于地心坐标系提供, 如图 2.10 所示。基于地球椭球模型, 例如 WGS84, 可

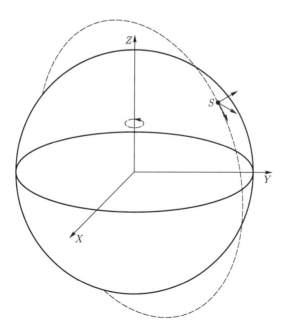

图 2.10    卫星 $S$ 在地心坐标系中的位置

以根据这些地心坐标确定目标在地表中的位置。传感器的轨道星历表通常以一定的时间间隔提供位置信息、速度信息, 有时也提供加速度信息。该时间间隔通常比 SAR 系统的方位向分辨率大得多, 因此需要在速度和加速度信息的辅助下进行位置插值。

根据这些信息可以确定地球上某一点在 SAR 图像中的位置。应牢记只有将地球上一个给定的三维坐标系 (例如给定纬度、经度和高程) 转换为二维雷达坐标系是有效的, 而从二维雷达坐标系到世界坐标系的反变换不是唯一的。如 Curlander (1982) 中所述, 世界坐标系的转换通常通过地心坐标系和距离 – 多普勒的迭代来实现。

### 2.4.3　SAR 成像中的几何畸变

距离向中最常见的几种几何畸变已经在第 2.4.1 节中讨论过了。如果正确地纠正了各种畸变, SAR 成像可以非常精确, 这将在第 10 章中详细讲述。然而, 除了距离向的影响外, 还存在一些 SAR 图像处理引起的畸变, 即形成合成孔径导致的畸变。合成孔径的形成需要一定的时间, 因此 SAR 图像是一段时间内的雷达数据采集的组合。该过程并没有考虑目标的运动, 因此运动目标的成像会存在错误。理解这种效应有两种方法——既可以通过考虑 SAR 是在一定时间内形成合成孔径, 也可以通过考虑 SAR 的多普勒波束聚焦系统。由于目标的位置是由其零多普勒位置决定的, 因此很显然, 由于自身运动而产生多普勒效应的目标将在方位向上发生偏移。

运动目标几何畸变的具体方式, 即位移或散焦, 取决于目标与雷达传感器的相对速度 (Jen King Jao, 2001)。若目标相对传感器沿轨运动, 即运动路径与传感器平台飞行方向平行, 则会在 SAR 图像中出现模糊。若为跨轨运动, 即目标在距离向上朝向或远离传感器, 意味着该运动将引起目标的图像位置在方位向上的偏移。

假设目标在距离向上以匀速 $v_{\text{range}}$ 跨轨运动, 则斜距历史会有线性的变化, 导致信号中出现二次线性相位趋势。根据傅里叶变换, 线性相位成分与时域中的时移 $\Delta t$ 的关系如下:

$$\Delta t = \frac{2v_{\text{los}}}{\lambda \text{FM}} \tag{2.21}$$

其中, FM 为线性调频率。$v_{\mathrm{los}}$ 为目标在卫星视线向的运动速度, 与目标在距离向上的速度 $v_{\mathrm{range}}$ 有关:

$$v_{\mathrm{los}} = v_{\mathrm{range}} \sin \theta_{\mathrm{inc}} \tag{2.22}$$

方位向上的位移 $\Delta_{az}$ 为 (Weihing et al., 2006)

$$\Delta_{az} = -r \frac{v_{\mathrm{los}}}{v_{\mathrm{sensor}}} \tag{2.23}$$

其中, $v_{\mathrm{sensor}}$ 为传感器的飞行速度。

## 2.5　斑点效应

与所有的相干成像系统相同, SAR 图像会受斑点效应影响 (图 2.11)。分辨单元内散射体的振幅与相位的相干和在分辨单元中呈随机分布, 导致后向散射的强烈波动。对于分布式散射体, 即许多散射体都对分辨单元内后向散射产生显著贡献的像元, 其分辨单元内的强度和相位将不再是确定的。一个分辨单元内总的复反射率可由式 (2.24) 给出:

$$\Phi = \sum_i \sqrt{\sigma_i} \mathrm{e}^{j\varphi_i} \mathrm{e}^{-j\frac{4\pi}{\lambda} r_i} \tag{2.24}$$

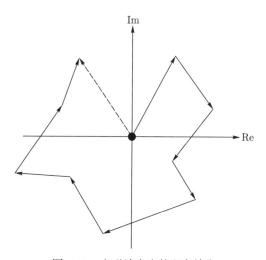

图 2.11　电磁波产生的斑点效应

其中, $i$ 为分辨单元中散射体的数量。斑点通常被称作噪声, 但斑点同时也是分辨单元内散射体分布的物理测量。尽管如此, 实际中 SAR 图像的斑点表现如同噪声。

多视可以抑制斑点效应。多视是指图像的非相干平均, 经常用于提升图像的可解释性。空间上的多视通过滑动窗口实现, 降低了图像的空间分辨率。若有一组 SAR 时间序列图像且假设地面没有发生重大变化, 可采用时间上的多视处理, 如图 2.12 所示。

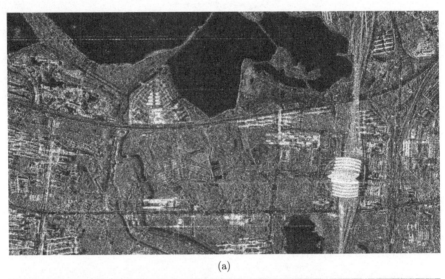

(a)

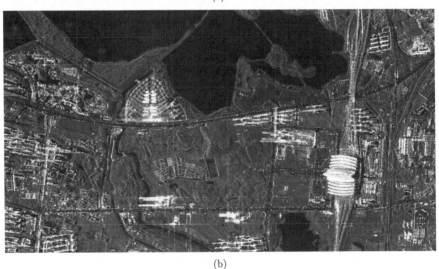

(b)

图 2.12    武汉火车站 COSMO-SkyMed 条带模式图像: (a) 单视振幅图像; (b) 282 幅图像的平均振幅图像 (©ASI - 意大利航天局 - 2011—2019, 所有权利保留)

### 2.5.1 斑点统计和多视

一个分辨单元中可存在许多不同振幅和相位的贡献, 复回波的实部和虚部服从高斯分布且相互独立。其联合概率密度函数 (probability density function, PDF) 描述了任何特定的实部和虚部由于来自该分辨单元中的各种贡献叠加而出现的概率。

概率密度函数为 (Oliver & Quegan, 2004)

$$P(z_1, z_2) = \frac{1}{\pi m} \exp{-\frac{z_1^2 + z_2^2}{m}} \tag{2.25}$$

其中, $z_1$、$z_2$ 为电磁波的实部和虚部, $P(z_1, z_2)$ 为产生具有这样实部和虚部的信号的概率, $\pi m$ 对该函数进行了归一化。相位服从均匀分布, 振幅与相位的密度函数无关, 振幅服从瑞利分布。

若斑点效应非常强, 则只有将若干个测量值结合起来取平均, 才能有效估计斑点目标的雷达散射截面。例如, 采用一个平滑滤波器来平均窗口中的 $N$ 个像元的强度。理论上, $N$ 越大, 则强度的估计效果越好。然而, 只有将包含同类目标的像元进行平均才是有效的。否则估计会变得无效, 因为此时的平均结果是由具有不同的雷达散射截面的不同目标推导出来的。因此, 平均窗口和 $N$ 不应设置太大, 以保持窗口内目标的同质性。

SAR 以独特方式获取图像的同时, 本身也提供了独立的样本。如图 2.13 所示, SAR 成像过程中沿方位向生成的合成孔径被分割为若干子孔径。例如, 如果

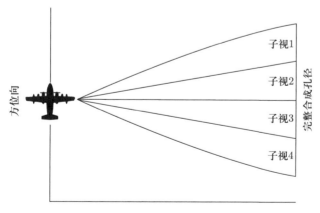

图 2.13 由四个子孔径形成多视图像

形成了四个子孔径, 则也称生成了四个子视。子视的数量 $N$ 越多, 在方位向上的分辨率就会越低。可以平均这些子视来形成一幅多视图像。与空间平均的方法不同, 每个子视图像都对应于地面上相同分辨单元的测量, 尽管由于空间分辨率的降低, 该分辨单元将更大。

在 SAR 图像处理中, 两种方法都经常称为子视或多视。且在这两种情况下, 强度 $I$ 的方差均随着 $N$ 的增大而减小。

$$\mathrm{var}(I) = \frac{\bar{I}^2}{N} \tag{2.26}$$

其中, $\bar{I}$ 表示图像强度的均值。

以上关系也可以用来推导等效视数 $N_e$:

$$N_e = \frac{\bar{I}^2}{\mathrm{var}(I)} \tag{2.27}$$

假如视数未知 (例如进行了滤波操作或者要验证所使用的多视方法的有效性), 以上公式将是很有用的。

### 2.5.2　斑点滤波

可通过专门滤波器的非相干平均来抑制斑点噪声。这些滤波器通常也都采用滑动平均窗口的基本思想。在这里, 很重要的一点是要保证滤波的区域是同质的。多年来, 已开发出了各式各样的斑点滤波器, 这些滤波器对分布函数进行了不同的假设, 常见的例如 Lee-Sigma 滤波器 (Lee, 1983), Frost 滤波器 (Frost et al., 1982) 和 Gamma-MAP 滤波器等。

这些滤波器基于简单的矩形滑动窗口, 很难保证窗口内目标的同质性。因此, 新提出的一些方法倾向于使用自适应滤波窗口, 以确保窗口中的某种同质性。例如, DespecKS (Ferretti et al., 2011) 滤波器, 我们将在第 8.3 节进行更详细的讨论。还有一种方法是 non-local 滤波 (Zhu et al., 2018), 该滤波器通过相似像元的加权平均, 可以在降低噪声的同时更好地保持图像细节。Non-local 滤波的关键在于相似度, 局部滤波基于空间特征, 即相邻的像元相似的可能性较大。在 non-local 滤波中, 若两个像元周围的图像区域在显示上相似或在统计上同质, 则认为两个像元是相似的。相似性通常被定义为强度向量之间的欧氏距离。

# 2.6 星载 SAR 系统的船舶检测

示例中我们设计了一个星载 SAR 系统。我们想在距离向和方位向上均实现 10 m 的分辨率, 以清楚地识别较小的船只。雷达将以 C 波段工作, 波长为 5.15 cm。假设平台与目标间的距离为 800 km。平台的飞行速度为 7500 m·s$^{-1}$。

## 2.6.1 信噪比

首先我们要考虑的是信噪比 (signal-to-noise ratio, SNR)。SAR 系统的一个重要噪声源是来自系统本身的热噪声。噪声的功率 $P_n$ 可以通过玻尔兹曼常数 $k$ ($1.38 \times 10^{-23}$ J·K$^{-1}$)、噪声温度 $T_n$ 和系统带宽 $B$ 推导:

$$P_n = k \cdot T_n \cdot B$$

暂不考虑其他噪声源, 因为它们更容易、更可能出现在微波波谱的边缘。SNR 是信号质量的一种测量, 是系统功率 $P_r$ 和噪声功率 $P_n$ 的比值。

$$SNR = \frac{P_r}{P_n}$$

因此, 雷达系统的 SNR 为

$$SNR = \frac{P_r}{P_n} = \frac{A_e G P_t \sigma^0 A}{(4\pi)^2 r^4 k T_n B} \tag{2.28}$$

许多变量需要考虑, 且这些变量间还会相互影响。例如系统的分辨率取决于天线有效面积 $A_e$ 和带宽 $B$, 若要提高分辨率, 会想要小尺寸的天线和高的带宽, 而当想要保持高信噪比时, 则需要相反。

对于雷达系统, 既想要保证 SNR > 30 dB, 又想使最大可传输功率 $P_t$ 达到 5000 W。下一步, 我们需要确定达到 10 m 的距离向斜距分辨率所需的带宽。

$$\delta_{rg} = \frac{c}{2B} \tag{2.29}$$

从而有

$$B = \frac{c}{2\delta_{rg}} \tag{2.30}$$

因此, 达到 10 m 的距离向斜距分辨率需要带宽 $B \approx 15$ MHz。

若天线方向性增益 $G$ 为 40 000, 噪声温度 $T_n$ 为 100 K, 要求覆盖足迹达到 60 km$^2$, 假设 $\sigma^0$ 为 4%, 天线有效面积 $A_e$ 为 10 m$^2$, 则 SNR 为 25 dB。已经接近于想要的 30 dB, 但没有完全达到。因此, 设计一个 20 m$^2$ 的天线, 并将 $G$ 增加至 80 000, 使 SNR 达到 31.6 dB, 满足我们的需求。

设计天线的方位向长度为 10 m, 高为 2 m。因此, 合成孔径所能达到的理论方位向分辨率 $\delta_{sa}$ 为

$$\delta_{sa} = \frac{l_{ra}}{2} = 5 \text{ m}$$

已经超出了技术指标。此天线的覆盖足迹为

$$2 \cdot r \cdot \tan \frac{\lambda}{l_{ra}} \tag{2.31}$$

方位向足迹范围达到了 8.2 km (天线长度 10 m), 跨轨方向则为 41 km (天线高度 2 m), 即幅宽达到了 41 km。这样, 总共的覆盖足迹将在 336 km$^2$ 以上, 且进一步增加了 SNR。

### 2.6.2    脉冲重复频率

为了完整地形成合成孔径, 并避免将长波混叠成短波, 雷达脉冲的发射间隔需要为传感器飞行天线长度 $l_{ra}$ 的一半所用的时间或更短。脉冲重复频率 (PRF) 需要:

$$\text{PRF} > \frac{2v_{sensor}}{l_{ra}}$$

在所举示例中对应于:

$$\text{PRF} > \frac{2 \times 7500 \text{ m} \cdot \text{s}^{-1}}{10 \text{ m}} = 1500 \text{ Hz}$$

然而, PRF 也不能太高, 以避免混淆来自近距和远距的脉冲。因此 PRF 需要:

$$\text{PRF} < \frac{1}{t_{far} - t_{near}}$$

真实孔径角分辨率的计算:

$$\alpha = 2\tan\frac{\lambda}{l_{\mathrm{ra}}}$$

大致为 3°。假设入射角 $\theta_{\mathrm{inc}} = 45°$, 则传感器需要放置在大约 566 km 的高度上。请记住这里是有所简化的, 因为还没有考虑地球的曲率。

由此可以计算出近距和远距之间的距离, 以及它们的时间差 $\Delta t$。$\Delta t$ 为 0.14 ms, 对应于 PRF 最大为 3574 Hz。然而这还取决于入射角。尽管如此, 对于 PRF 依然有一个比较大的选择范围, 可以放心地在以下范围选择 PRF:

$$1500\,\mathrm{Hz} < \mathrm{PRF} < 3574\,\mathrm{Hz}$$

### 2.6.3 卫星轨道和重访周期

传感器的设计完成了, 结果令人满意, 直到我们与数据潜在用户第一次见面。突然间, 就像实际中常有的情况一样, 用户对系统提出了新的要求 —— 他们担心系统不能以足够高的时间分辨率获取数据。在监测船舶方面, 用户希望海上情况每天都能更新。幸运的是, 我们说服了他们, 但客户仍然坚持每周要发布一次数据。为了确保覆盖全球, 卫星通常运行在太阳同步轨道上 (图 2.14), 我们的卫星也不例外。卫星绕着地球运行, 同时地球也在旋转, 以确保能逐渐覆盖到每个区域。

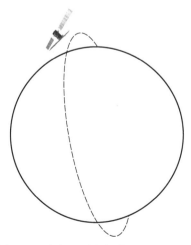

图 2.14　在太阳同步轨道上运行的卫星

前文曾讲到 SAR 系统最大的优点之一就是不依赖太阳作为光源。那么，为什么 SAR 卫星系统要运行于太阳同步轨道呢? SAR 系统本身可以日夜运行，但卫星系统需要太阳为太阳能电池板提供能量。因此，星载 SAR 系统的工作实际上并不是完全不依赖太阳的。

下面，我们粗略估计一下卫星覆盖全球所需的时间。请再次记住，这里只进行了非常简化的计算——在设计卫星轨道和计算卫星重访周期时还要考虑许多其他参数。

假设地球半径为 6378 km，加上卫星高度 566 km，则卫星需要在每个轨道上运行约 43 630 km，假设速度 $v_{\text{sensor}}$ 为 7.5 km·s$^{-1}$ 则需要大约 1.6 h，幅宽为 41 km。将有 977 幅图像覆盖赤道两侧宽约 40 000 km 的区域，每幅图像宽41 km。所以，我们大约需要 65 天才能回到地球上的同一个地方，即传感器的时间分辨率为 65 天。很不幸，无法满足用户的需求。

卫星遥感中对于同一区域，卫星有两次观测机会: 一次从上升轨道，一次从下降轨道。因此可以在升轨和降轨分别进行一次船舶检测，将重访周期减少到 32 天 (图 2.15)。

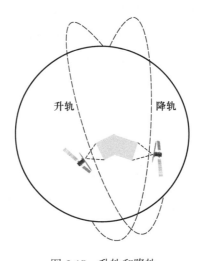

图 2.15    升轨和降轨

这已经做到更好，但仍不够接近用户每周更新的需求。一种方法是重新设计卫星，从降低天线高度开始，专注于更大的幅宽。这将降低信噪比，也意味着重新设计一切。如果项目已经顺利进展，这可能意味着全部系统、平台和运载火箭需要重新设计。显然这不是我们愿意做的事情。幸运的是, SAR 遥感系统的设计十分灵活, 因为它可以选择不同的 SAR 工作模式。

### 2.6.4　SAR 工作模式

1) 条带模式

前面的示例中 SAR 系统的工作模式称为条带模式, 这是大多数 SAR 系统的标准工作模式。该模式采用固定的天线。其他工作模式的天线可以在图像采集期间灵活地调整观察方向。大多数雷达系统通过采用能在一定程度上编程切换视向的相控阵天线来实现其视向调整。雷达系统也可以采用机械方式操纵天线方向, 使天线实现更大程度的视向变化, 然而会导致系统振荡, 因此不建议在依赖非常精确的天线方向图的系统中采用这种方式, 例如, 假设我们需要 SAR 具有干涉测量能力。

2) 聚束模式 (Spotlight)

通过在采集过程中调整传感器的天线方向, 可以形成更大的合成孔径, 从而提高系统的方位向空间分辨率 (图 2.16)。然而, 沿传感器轨迹的图像采集面积也减小了。

示例中合成孔径长度为

$$l_{\text{sa}} = 2\frac{\lambda}{l_{\text{ra}}}r = 2 \times \frac{0.0515\text{ m} \times 800\,000\text{ m}}{10\text{ m}} = 8240\text{ m}$$

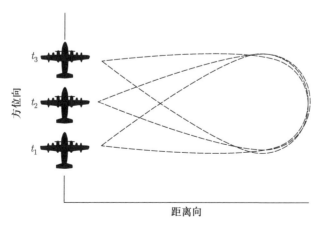

图 2.16　聚束 SAR

代入雷达分辨率公式, 得到之前推导过 5 m 方位向分辨率:

$$\delta_{\mathrm{az}} = r\frac{\lambda}{l_{\mathrm{sa}}} = 5\ \mathrm{m}$$

聚束模式下可以改变天线的方位向视角, 方位向天线旋转 $\Delta\Theta_{\mathrm{s}}t$ 通常约为 1°, 但也可以设置得更大 (Kraus et al., 2016)。

假设方位向天线旋转 1°, 则合成孔径尺寸明显提升, 大约增加了 14 km, 将方位向分辨率提高到了接近 1.86 m。为保证采样完全, 需要增加脉冲重复频率 (PRF), 在本例中需达到 3763 Hz。

然而, 这超出了之前所说的为避免混淆近距和远距信号的 3574 Hz 的限制。我们可以以限制幅宽范围来抵消这种影响, 或者限制分辨率的增加。例如, 如果决定将 PRF 限制为 3400 Hz, 则分辨率大约限制为 2.1 m, 并以 $\Delta\Theta_{\mathrm{s}}t = 0.8°$ 旋转天线。记住这还要取决于入射角, 示例中进行了简化 —— 入射角假设为固定的 $\theta_{\mathrm{inc}} = 45°$。

3) 扫描模式 (ScanSAR)

许多情况下都需要聚束模式的高分辨率, 但聚束模式并不能解决时间分辨率受限的问题。事实上, 聚束模式会使问题变得更糟 —— 聚束模式的沿轨覆盖能力是有限的, 因此甚至降低了时间分辨率。

扫描模式 (ScanSAR) 采用的天线可对 $\theta_{\mathrm{inc}}$ 进行调节, 使幅宽增加, 从而拥有更广的覆盖, 提高了时间分辨率 (图 2.17)。

扫描模式将图像获取的时间以扫描带的数量进行了分割。每个扫描带以不同的入射角 $\theta_{\mathrm{inc}}$ 获取数据, 在距离向覆盖了更大的区域。然而, 对于每个扫描带, 合成孔径的尺寸将相应减小, 导致了方位向分辨率的降低。此外, 带宽也需要在每个扫描之间划分, 类似地导致了距离向分辨率的降低。

因此, 假设有三个扫描带, 对应地也增加了三倍的幅宽, 即从 41 km 增加至 123 km; 合成孔径的尺寸也缩短到原来的三分之一, 约为 2747 m, 得到方位向分辨率为大约 15 m。实际中, 扫描带之间会有轻微的重叠, 因此可以假设幅宽为大约 120 km。在从一个扫描切换到另一个扫描的过程中会损失采集时间, 进一步减小了合成孔径的有效长度, 因此实际的方位向分辨率将低于 15 m 的理论值。

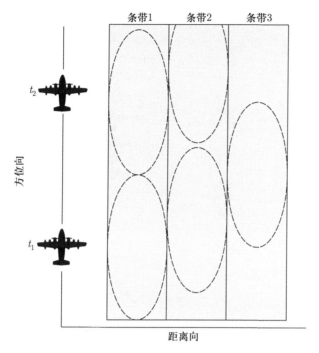

图 2.17   扫描 SAR 模式

幅宽增加至 120 km, 假设需要 334 幅图像来环绕覆盖 40 000 km 的赤道, 重复轨道的获取时间降为 22 天。再考虑升轨和降轨, 时间分辨率可以达到 11 天, 仍未达到之前的要求, 但比较接近了。然而, 这以方位向分辨率降低到约 15 m、距离向分辨率降低到约 30 m 为代价, 低于前面 10 m 分辨率的技术规范。

4) TOPS 模式

扫描模式存在的一个问题是, 传感器从一个扫描带切换到下一个扫描带是需要时间的。在此期间没有任何数据获取, 这可能导致图像中的扇贝效应。这种扫描模式的副作用是我们不希望遇到的, 通过 TOPS 模式可以得到改进。

TOPS 模式与聚束模式相反, 是逆聚束模式和扫描模式的结合。TOPS 模式的天线在方位向上移动, 但移动方式与聚束模式相反。对于每个子获取 (burst), 天线开始向后观测, 然后逐渐改变视向, 直到向前观测, 因此也减少了合成孔径的尺寸, 使方位向分辨率降低。TOPS 模式增加了方位向覆盖的区域, 并在每个子获取之间产生重叠。类似地, TOPS 模式的每个扫描带沿距离向也有重叠, 因此在条带和 burst 的边缘区域会有很大的重叠, 如图 2.18 所示。

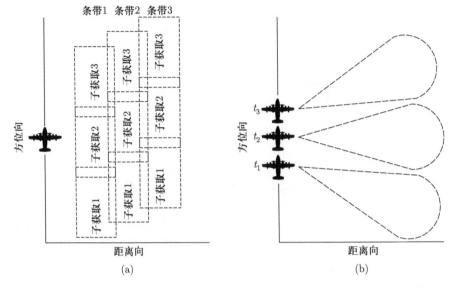

图 2.18　TOPS 模式: (a) 子获取和条带重叠; (b) 单个子获取的获取, 波束从后视转为前视

重叠区域可以用于纠正扇贝效应。同时, TOPS 是一个相当复杂的成像模式, 且引发了 SAR 图像处理的一些问题, 这些问题将在后面进行讨论。不同于扫描模式, TOPS 模式已被广泛使用。由于哥白尼计划的 Sentinel-1 数据在全球范围内开放获取, 而 Sentinel-1 正是使用 TOPS 作为标准工作模式 (Potin et al., 2018), 使 TOPS 成为 SAR 的重要工作模式。

## 2.7　SAR 极化测量

同每个横波一样, 电磁波的振动方向与其传播方向垂直。极化是指振荡的几何方向。例如垂直极化波的电场是垂直振荡的, 磁场振荡方向则垂直于电场, 如图 2.19 所示。

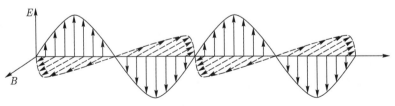

图 2.19　电磁波的极化

SAR 极化测量用于从散射体的极化散射特性中获得物理信息。二维发射波矢量 $E^t$ 到接收波矢量 $E^r$ 的转换通过 $2 \times 2$ 的复散射矩阵描述。

$$\begin{bmatrix} E_H^r \\ E_V^r \end{bmatrix} = \frac{e^{-jkr_0}}{r_0} \begin{bmatrix} S_{HH} & S_{HV} \\ S_{VH} & S_{VV} \end{bmatrix} \begin{bmatrix} E_H^t \\ E_V^t \end{bmatrix}^* \tag{2.32}$$

其中, e 为自然对数; $k$ 为波数, $k = 2\pi/\lambda$。

测量散射矩阵需要发射两个正交的极化波, 通常分别为水平 (H) 和垂直 (V), 然后接收两个正交极化波。这是通过在每个脉冲之间切换发射和接收极化来实现的, 因此每个极化测量的空间分辨率都会降低。

SAR 极化测量中的第一个字母表示发射脉冲的极化, 第二个字母则表示接收脉冲, 因此 $S_{HH}$ 表示散射矩阵水平发射和水平接收的部分, $S_{VH}$ 则表示垂直发射和水平接收。单基地雷达系统的散射矩阵是对称的, 即 $S_{HV} = S_{VH}$, 通常可以将它们表示为 $S_{XX}$。

散射矩阵 $\boldsymbol{S}$ 描述了点状散射体的散射特性, 但不能充分表达分布式目标的散射。分布式散射体的极化特性需要二阶统计量来表示斑点中的准随机性。泡利矢量 $\boldsymbol{k}_p$ 是一种常用的 SAR 极化描述方法, 常用于全极化 SAR 图像的可视化, 如图 2.20 所示。

$$\boldsymbol{k}_p = \frac{1}{\sqrt{2}} \begin{bmatrix} S_{HH} + S_{VV} \\ S_{HH} - S_{VV} \\ 2S_{XX} \end{bmatrix} \tag{2.33}$$

图 2.20 中国泰山附近的极化 TerraSAR-X 图像 (©DLR, 2010)

散射分解方法可以分离分布式散射体的后向散射极化, 从而解译散射过程。基本的散射机制包括表面反射、二面体反射和体散射。对这些散射分量的分离可用于分类、分割或预处理。SAR 极化测量是一个非常广泛的领域, 这里只涉及了一些很浅的内容。从 Lee 和 Pottier (2009) 文献中可以找到有关 SAR 极化测量更完整的内容。

## 2.8    SAR 船舶探测系统小结

老实说, 我们对自己设计的系统不太满意。设计出的系统实际上没有满足技术指标, 可能需要重新设计。考虑到斑点效应, 可能要考虑至少在一个方向上进一步提高系统的分辨率, 从而使多视分辨率可以达到 10 m, 这将对清晰检测较小的船舶非常有用。

然而, 正如开头所述, 本章并不真是为了设计 SAR 系统, 也不是真正为了船舶检测。本章介绍了合成孔径雷达系统及其设计中存在的矛盾和需要考虑的问题。没有一个 SAR 系统可以满足所有的需求, 因此一个 SAR 系统应该根据特定的需求来设计。同样, 对数据的需求应基于应用, 并不是所有 SAR 系统都适用于每个特定的任务。

本章没有讨论从 SAR 图像中检测船舶的现代方法。我们讨论了通过强后向散射的硬目标来检测船舶, 然而许多船舶检测方法是基于尾迹的 (Eldhuset, 2004; Kuo & Chen, 2003)。通过船舶的高 RCS 来识别船舶仍需要选择一个阈值, 恒虚警率 (constant false alarm rate, CFAR) 算法被广泛用于计算自适应阈值 (Crisp, 2004)。基于机器学习的方法也越来越普遍, 因此, 总的来说, SAR 图像中的船舶检测仍是一个充满活力的研究领域。

# 第二部分

# DEM 生成

# 第 3 章

# SAR 干涉测量

数字高程模型 (digital elevation model, DEM) 的生成对于地形制图至关重要, 且 DEM 是许多地理空间应用所需要的基础数据。不同应用场景下的 DEM 的规范是不同的。对于某些应用, 如经典地形图生成, 对绝对高程值的正确性要求很高; 而还有一些应用, 如水文学, 则对相对精度要求很高。相对精度即 DEM 中一个数据点到另一个数据点的相对高程的精度。对于水文学来说, 与限制绝对误差相比, 保持相对误差足够小更重要, 从而确保诸如河流径流建模等的正确性。

生成 DEM 的方法有很多, 最开始是传统的测绘手段, 该手段具有高精度, 但在覆盖大面积时劳动密集且成本高。航空摄影测量也提供了优良的精度, 并且成本相对较低, 被广泛使用 (Haala & Rothermel, 2012)。激光雷达 (LiDAR) 提供非常高的精度, 但由于系统的占地面积有限, 使该手段更昂贵, 更适合较小的区域 (Jaboyedoff et al., 2010; Wang, 2013)。SAR 以高精度提供了更大的覆盖足迹, 经常用于区域或全球的 DEM 计划 (Krieger et al., 2007)。SAR 在 (几乎) 所有天气条件下获取数据的能力, 也使其在任务规划和飞机或卫星管理方面更具成本效益。

## 3.1 SAR 干涉测量简介

SAR 干涉测量 (SAR interferometry, InSAR) 利用了两个相干雷达信号之间的相位差。相位差可以认为是两次采集之间距离的差异。这些微小的差异可以用来推断像元之间的高度差异, 因此从中可以获取 DEM。

InSAR 的基本方法是在 1980 年代末提出的。Gabriel 和 Goldstein (1988) 给出了基于 SIR-B 计划的第一个 SAR 干涉测量数据。一年后, 他们又给出了第一个差分干涉测量的结果 (Gabriel et al.,1989)。D-InSAR 在地震应用中的适用性也被学者利用 ERS 数据证明了 (Massonnet et al., 1993)。最有名的干涉测量任务可能是航天飞机雷达地形探测计划 (Shuttle Radar Topography Mission, SRTM), 生成的 SRTM DEM 得到了广泛使用 (Farr et al., 2007)。TanDEM-X 计划基于双基地干涉 SAR 以前所未有的精度创建了全球 DEM (Krieger et al., 2013)。

### 3.1.1　SAR 图像中的振幅和相位分量

如图 3.1 所示, SAR 图像的每个像元都包含了两部分信息: 振幅和相位, 通常用一个包含实部和虚部的复数来表示。前面的章节中我们忽略了相位, 只分析了 SAR 图像的振幅值。振幅表示后向散射强度, 相位则体现了传感器与目标之间的距离。然而, 相位值被限制在 $-\pi$ 到 $\pi$ 之间。可以将相位理解为以 360° 绕一圈, 之后就要再次从 0° 开始, 称为缠绕相位。因此, 相位信息是模糊的。

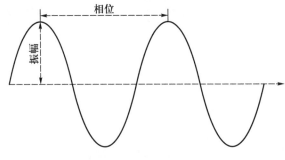

图 3.1　电磁波的性质

雷达系统可以获取后向散射信号的相位。然而, 这只给我们提供了关于总距离的一小部分信息。信号从传感器发射至产生后向散射的目标, 然后再返回传感器, 总的距离为 $2r$, 其中 $r$ 是传感器和目标之间的距离。当电磁波沿着信号路径传播时, 会经过许多个相位整周期。信号的相位 $\phi$ 计算如下:

$$\phi = -\frac{4\pi}{\lambda}r + \phi_{\text{scatt}} \tag{3.1}$$

其中, $\lambda$ 为波长, $\phi_{\text{scatt}}$ 是目标散射造成的相位。然而, 实际观测到的相位不是 $\phi$,

而是缠绕相位 $\varphi$:

$$\varphi = W\{\phi\} \tag{3.2}$$

其中, $W\{\}$ 为缠绕算子, $\varphi$ 是缠绕的, 取值范围为 $-\pi < \varphi < \pi$。

　　不幸的是, $\varphi$ 的信息用处寥寥——从 $\phi$ 可以精确地推断出距离, 而如果只知道 $\varphi$, 从单幅图像中无法得到有用的信息。

　　从图 3.2 展示的振幅中可以看到清晰的信息。然而, 图 3.3 中单幅图像的相位看起来就像随机噪声。

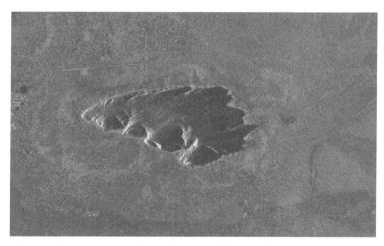

图 3.2　2009 年 2 月 12 日获取的乌鲁鲁艾尔斯岩区域的 TerraSAR-X 振幅图像 (©DLR, 2009)

图 3.3　2009 年 2 月 12 日获取的乌鲁鲁艾尔斯岩区域的 TerraSAR-X 相位图像 (©DLR, 2009)

### 3.1.2　基于相位差的高程获取

虽然单幅 SAR 图像的相位信息不是很有用, 但两个天线的相位差异可以提供精确的测量信息。需要满足先决条件: 雷达信号需要是相干的, 相位也需要经过校准。也就是说, 不是所有在轨的 SAR 系统都可以用于干涉测量, 但现在大多数系统都是合适的。保持两个相位相干意味着两个天线之间的距离不能太大。

双基地模式下同时获取两个信号可以满足双天线的要求, 即一个天线发射信号, 两个天线接收, 该方法称为单轨干涉测量法。然而, 没有双天线, 也可以使用相同的天线在不同的时间从略微不同的位置获得两幅图像, 此为重轨干涉测量法。

重轨干涉测量中, 两次获取之间的地面或大气性质的变化将导致相干性损失。根据时间间隔、波长和变化程度的不同, 这种相干性的损失会很快导致错误以及有用信息的缺乏。后续我们都假设采用的是重轨干涉测量法。

请注意, 重轨干涉测量和双基地干涉测量的一些方程之间可能略存在不同。

现在, 假设从两个略微不同的位置获取到图像, 如图 3.4 所示, 就可以开始尝试获取一些有用的结果。基于图 3.4, 可以定义:

$$\phi_1 = -\frac{4\pi}{\lambda}r + \phi_{\text{scatt},1} \tag{3.3}$$

$$\phi_2 = -\frac{4\pi}{\lambda}(r + \Delta r) + \phi_{\text{scatt},2} \tag{3.4}$$

若形成干涉相位 $\phi$ (即相位差):

$$\phi = \phi_1 - \phi_2 = \frac{4\pi}{\lambda}\Delta r \tag{3.5}$$

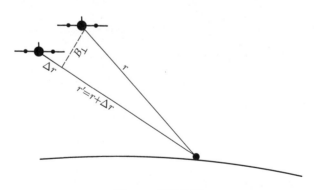

图 3.4　干涉几何

$$\phi = \frac{4\pi}{\lambda}\Delta r \tag{3.6}$$

以上等式适用于单基地系统, 但需要 $\phi_{\text{scatt},1} = \phi_{\text{scatt},2}$ 才成立。如果能确保这一点, 那么干涉相位将取决于两次获取之间的距离差。然而实际上处理的是缠绕相位, 所以:

$$W\{\phi\} = W\{\phi_1\} - W\{\phi_2\} \tag{3.7}$$

大体上等式到这里仍然成立, 但是距离差 $\Delta r$ 需要保持较小。正如我们将发现的, 在 SAR 干涉测量中相位缠绕是一个主要的问题。

斜距差异可能由不同的因素引起。两个点的高程的差异会由于 SAR 成像几何的微小变化导致距离差异, 这使得可以通过分析两点之间的相对干涉相位来分析两点之间的高程差异。

InSAR 测量的是相对干涉相位, 即两个像元之间的干涉相位差。

$$\Delta\phi = \phi_{\text{pix}_1} - \phi_{\text{pix}_2} = \frac{4\pi}{\lambda}\Delta r_{\text{pix}_1} - \frac{4\pi}{\lambda}\Delta r_{\text{pix}_2} = \frac{4\pi}{\lambda}(\Delta r_{\text{pix}_1} - \Delta r_{\text{pix}_2}) = \frac{4\pi}{\lambda}\Delta r \tag{3.8}$$

同干涉相位一样, 相对干涉相位也是缠绕的。虽然符号和方程相当相似, 但相对干涉相位指的是两个像元之间的相位差, 而距离差 $\Delta r$ 也是指这两个像元之间相对的距离差 (图 3.5)。

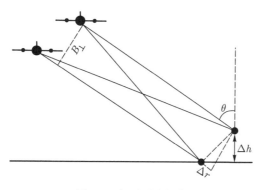

图 3.5    相对干涉相位

正如 SAR 遥感中所满足的, 对于距离 $r$ 很大、基线 $B_\perp$ 很短的情况, 高程差引起的距离差 $\Delta r$ 可以简化表示为

$$\Delta r \approx \frac{B_\perp}{r \cdot \sin\theta} \Delta h \tag{3.9}$$

因此,

$$\Delta\phi = \frac{4\pi}{\lambda} \frac{B_\perp}{r \cdot \sin\theta} \Delta h \tag{3.10}$$

## 3.2    SAR 干涉测量的步骤

在本节中, 我们将对 SAR 干涉测量逐步地进行讨论, 解释每个步骤的必要性和过程中可能出现的问题。

### 3.2.1    SAR 干涉测量的数据选择

首先要选择使用的数据。这当然取决于应用, 但通常也与数据可用性有关。尽管应该选择适合于目标应用的数据, 但最终往往不得不使用可用的数据。一般来说, 波长较短的数据 (如 X 波段或 C 波段) 在干涉处理中可以提供更高的精度, 而波长较长的数据 (如 L 波段) 受时间失相干的影响较小。因此, 我们可能更倾向于在城市地区应用 X 波段或 C 波段, 因为城市地区时间失相干影响明显更小, 而 L 波段更适合在植被地区应用。

我们更倾向于短时间基线, 以便减少时间失相干。垂直基线方面存在一个权衡: 一方面可以用大基线数据实现更高的理论精度, 另一方面这些数据在相位解缠中可能导致更大的问题, 稍后将更详细地讨论该问题。

干涉处理同时需要振幅和相位信息。因此, 数据必须以单视复 (single-look complex, SLC) 的格式提供。如果数据是原始格式 (raw), 则首先要对其进行聚焦, 以获得适合干涉处理的 SLC 图像。

### 3.2.2    SAR 图像配准

第一步是将 SAR 数据配准到同一个雷达坐标系。辅图像将被配准至主图像的坐标系。如前所述, 精确的配准才能确保两幅图像中的散射体是对应的, 这也是使 InSAR 的结果有意义的前提条件。通常需要配准精度达到 1/10 个像元。对于某些 SAR 工作模式, 甚至需要更高的配准精度以进行干涉测量。图像配准是 SAR 干涉处理的第一个步骤, 也是标准的处理步骤, 通常 1/10 像元的精度要求是通过下面将要介绍的方法实现的。然而, 配准也可能失败, 例如地面上发生了较大变化, 导致无法成功识别两幅图像的同名点。因此, 必须仔细分析配准结果, 以防可能出现的配准错误。作为干涉处理的早期阶段, 配准错误可能导致整个流程的失败。

### 3.2.3  由粗到精的配准

标准的 SAR 图像配准处理遵循由粗到细的策略。首先, 大致地配准, 即在几个像元的精度范围内将辅图像与主图像进行配准。然后, 对该配准进行细化, 并计算重采样参数。最后, 对辅图像进行重采样。具体处理步骤及其详细实现在细节上可能有所不同。

1) 粗配准

粗配准的目的是识别主辅图像中的同名像元, 并粗略地估计出主辅图像间像元的位移, 精度需要在几个像元以内。现代传感器系统的粗配准可以仅仅依赖于数据所提供的轨道信息, 因为这些轨道信息通常足够精确, 已经能够满足相对精度达到几个像元的要求。

若不然, 则需要在图像中布置一些搜索点。在搜索区域内, 选择具有最高归一化相关值 $\sigma$ 的像元组合, $\sigma$ 将在一个有 $N$ 个像元的搜索窗口内计算, 式 (3.11) 中 $m_{x,y}$ 和 $s_{x,y}$ 分别表示主图像窗口和辅图像窗口内位于 $(x,y)$ 的像元值。$\overline{m}$ 和 $\overline{s}$ 分别表示主、辅图像搜索窗口内像元的平均值, $\sigma_{\mathrm{m}}$ 和 $\sigma_{\mathrm{s}}$ 则表示对应的标准差。

$$\sigma = \frac{1}{N-1} \sum_{x,y} \frac{(m_{x,y} - \overline{m})(s_{x,y} - \overline{s})}{\sigma_{\mathrm{m}}\sigma_{\mathrm{s}}} \tag{3.11}$$

最优像元组的平均值或中位数将作为主辅图像之间偏移量的估计值。

现今的许多 SAR 卫星系统可提供非常精确的轨道信息, 通常可以用仅基于轨道信息的粗偏移估计来代替基于同名像元的粗配准。

2) 精配准

精配准将使我们理解在主辅图像中寻找同名亚像元并建立亚像元精度的配准干涉对的过程。

粗配准可以大幅度减少精配准所需搜索区域, 从而在精配准步骤中实现亚像元精度, 因此粗配准是必需的。为了达到亚像元精度, 首先要对图像或图像区域进行过采样, 之后对像元进行匹配。与粗配准不同, 精配准中该步骤通常是在经过快速傅里叶变换后在频域进行的。然而, 强散射体的亚像元级配准也可以于空间域执行。

精配准是在相对大量的点上执行的 (通常在 1000 个点左右甚至更多), 因此下个步骤中的线性方程组可能存在大量冗余。这将有助于移除大量的异常值, 稳定处理过程, 从而满足所需的 1/10 像元的亚像元精度。

3) 配准参数估计

根据精配准结果, 建立一组线性方程来估计配准参数。估计是在一组超定的线性方程组中进行。

通常假定主辅图像之间存在多项式变换。如何确定多项式的次数是一个问题。假设两幅图像分辨率近似, 则可以考虑仿射变换。采用二次多项式拟合也并不少见, 可以在成像参数存在差异时得到更好的拟合结果, 但要注意由于更大的自由度, 可能会导致更微妙、更难识别的配准误差。

该拟合过程一般通过迭代实现, 首先根据所有的点对拟合参数, 计算每个点对的残差, 去除离群点对, 然后用剩下的点对重新拟合。这样重复, 直到剩余点对的数量低于一个阈值或残差低于某个阈值, 最终获得重采样参数。

4) 辅图像重采样

将辅图像重采样到主图像的坐标系。首先创建一幅主图像坐标系下的空白图像。对每个新图像中的像元, 基于之前步骤所估计的重采样参数计算其辅图像坐标中的对应像元。像元值基于重采样核函数计算, 可以像双线性变换一样简单, 也可以像余弦函数一样复杂。这个过程比较耗时。重采样处理使得辅图像在主图像的坐标系中重新采样, 因此主辅图像中的每个像元完全对应。

### 3.2.4    基于轨道和 DEM 的配准

还有一种方法依赖于现代 SAR 卫星系统精确的轨道信息和 DEM 的可用性。该方法对于 DEM 的精度要求较为宽松, 因为在基线低于临界值的干涉对中, 高程误差只会引起主图像和辅图像之间的微小偏移。更多关于临界基线的内容会在下面讨论。然而, 轨道信息必须是精确的。现代卫星提供非常精确的轨道信息, 但有时要在卫星获取图像后等上几天才能得到, 因为这些轨道信息是根据测量的卫星位置经后续处理得到的。

该方法首先要生成一个覆盖图像区域的 DEM 子集。对于 DEM 的每个像元, 计算相应的主辅图像坐标。然后根据主图像坐标对数据进行三角剖分, 同时以高程和辅图像坐标作为三角形中每个点的信息。

然后, 对于主图像中的每个像元, 搜索相应的三角形, 并根据三角点插值高程和辅图像坐标, 从而使主图像中的每个像元都能接收到相应的高程值和辅图像坐标。最后, 根据原辅图像对重采样的辅图像进行插值, 得到重采样后的辅图像。

该过程可用于进行精确的地理编码, 甚至对于变化较大或可识别的同名点数量有限的图像也能很好地适用, 这取决于精确的轨道信息和良好的 DEM 的可用性。对于高分辨率图像, 轨道和 DEM 的精度要求较高, 而对于低分辨率图像则要求相对较低。

通常, 仅用这种方法就能达到 1/10 像元的精度, 但需要额外的后处理步骤进一步提高轨道精度。

*ESD 方法*

TOPS (terrain observation with progressive scanning) 模式的天线波束在方位向快速转向, 以修正扫描模式图像中可能出现的扇贝效应。然而由于天线波束的快速转向, 在不同的斜视角度下获取到不同方位向位置的目标, 导致了子获取 (burst) 内多普勒质心的变化 (Rodriguez-Cassola et al., 2015), 最终会在 InSAR 中引起许多伪影。对此需要多普勒质心偏移校正, 类似于聚束模式干涉测量中的操作。然而, TOPS 模式中必须进行更精确的多普勒质心估计, 也需要更精细的重采样。TOPS 模式里, 相邻子获取的重叠区域由于多普勒质心的不同, 可能会出现相位的不连续 (Prats-Iraola et al., 2012)。为了避免这些区域的相位不连续, 必须将相位误差保持在 $3°$ 以下。这意味着必须达到相对于条带模式来说非常高的配准精度。条带模式在整个图像采集期间有固定的斜视角度。对于 IW (interferometry wide) 模式获取的 Sentinel-1A 数据, 其多普勒质心差大约为 5.5 kHz, 需要大概 0.0009 个像元的配准精度来获取可用的干涉图, 即不存在相位不连续的干涉图 (Yague-Martinez et al., 2016)。刚刚介绍的标准配准流程并不能提供这样高的精度, 通常只能达到 0.1 ~ 0.01 的配准精度, 在 TOPS 模式中并不够用。为了将这些误差源消除, 可以采用增强光谱多样性 (enhanced spectral diversity, ESD) 方法 (Prats-Iraola et al., 2012)。ESD 是由 Scheiber 和 Moreira (2000) 提出的对光谱多样性 (spectral diversity, SD) 方法的改善。ESD 利用了 TOPS 模式中的重叠区域, 因为相邻 burst 的这些重叠区域里有很大的频谱分离。因此, ESD 的基本思想是在这些重叠区域上采用相同的处理步骤。

ESD 将每一对子获取 (分别称为主子获取和辅子获取) 都分为两个部分, 也称为两个子视, 每个子视拥有不同的中心频率。然后, 主、辅子获取之间的偏移将直接从主辅两部分的低分辨率干涉图之间的差分干涉图中计算。最终的偏移量是通过对每组主辅子获取的所有值进行平均来计算的。

ESD 的精度可以通过式 (3.12) 计算 (Prats-Iraola et al., 2012):

$$\sigma_{\mathrm{ESD}} = \frac{\sqrt{2} \cdot \sigma_\Theta}{2\pi \cdot \Delta f_{\mathrm{dc}} \cdot c \cdot \tau} \tag{3.12}$$

其中, $\tau$ 是方位向的成像采样间隔, $\Delta f_{\mathrm{dc}}$ 为多普勒频率差异, $\sigma_\Theta$ 为相位噪声的标准差, $\sigma_\Theta$ 可以近似为

$$\sigma_\Theta = \frac{1}{\sqrt{2N}} \frac{\sqrt{1-\gamma^2}}{\gamma} \tag{3.13}$$

其中, $N$ 为参与平均的样本数量, $\gamma$ 为干涉图的相干性值 (见下文对相干性的解释)。因此可以通过增大 $N$ 来提高精度。ESD 是 Sentinel-1 图像配准的标准方法, 但并不是唯一的方法。在此之前要使用提供的轨道信息并采用基于 DEM 的配准方法, 先进行像元级精度的粗配准。为保证 ESD 前的第一步配准能有较高的精度, 强烈建议在此使用精密的轨道星历。一般情况下, 基于 DEM 与 ESD 的配准是能稳定执行的, 并且在大多数情况下都能成为合适的配准策略。如果大范围的地表形变干扰了 ESD 用于配准的相位信息, 可能会出现一些问题。

### 3.2.5　干涉图生成

完成主辅图像配准后, 干涉图的生成是相当简单的。干涉图定义为 $\phi_1 - \phi_2$, 即第一幅图像的相位减去第二幅图像的相位。鉴于我们处理的是复数据, 干涉图生成通常通过复共轭相乘来实现:

$$v_{i,j} = u_{1i,j} \times u_{2i,j}^* \tag{3.14}$$

与辅图像的复共轭相乘的结果是相位的差分和振幅的相乘。请注意, 也可以只实现相位差分, 但其后还需要调用缠绕函数来保持相位是缠绕的。

产生的干涉图 (图 3.6) 表示相位变化也可以是距离变化。每当距离变化达到一定量时, 就会在干涉图上出现同样的颜色渲染。该变化量的计算如下:

$$\Delta r = \frac{\lambda}{2} \tag{3.15}$$

在干涉图中, 这些相位变化主要受沿距离向上变化的影响, 传感器之间的斜距差会沿着距离向变化。引起该现象的相位分量称为平地相位分量, 我们将在下一步去除这些相位分量。

图 3.6　乌鲁鲁艾尔斯岩区域的干涉图

### 3.2.6　平地相位的去除

该步骤要对平地相位进行去除。首先在图像中的一些位置模拟出平地相位, 这些相位代表着高度为 0 m 处的相位, 因此称为平地相位。然后插值这些点之间的相位。最后从干涉图中去除模拟相位, 得到的干涉图称为去平干涉图 (图 3.7)。

这已经使干涉图中的信息更加明显, 我们现在可以从去平后的干涉图中看到局部地形的影响。

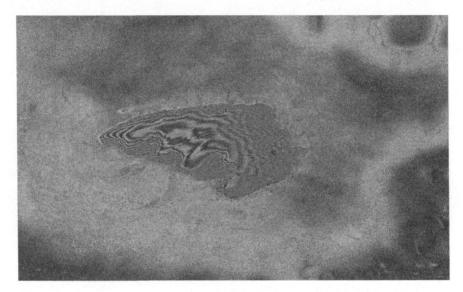

图 3.7　乌鲁鲁艾尔斯岩区域去除平地相位后的干涉图

如前所述, 假设具有相同距离的两个像元, 对于它们之间的高程差异 $\Delta h$ 有:

$$\frac{\Delta\phi}{\Delta h} = \frac{4\pi}{\lambda}\frac{B_\perp}{r\cdot\sin\theta} \tag{3.16}$$

$$\Delta\phi = \frac{4\pi\Delta h}{\lambda}\frac{B_\perp}{r\cdot\sin\theta} \tag{3.17}$$

其中, $\Delta\phi$ 为点间的相位差, $\theta$ 为入射角。经过平地相位去除 (相当于点间距离差异的去除, 因为去除平地相位后相当于所有像元都在相同距离内了), 上面的式子在所有像元间都成立。

### 3.2.7　高程模糊度

根据以上公式可以计算出高程模糊度。因为相位在 $-\pi$ 至 $\pi$ 之间缠绕, 只有对应于 $2\pi$ 内的高程差异是不模糊的。为了计算高程模糊度, 令 $\Delta\phi = 2\pi$, 并得到:

$$\Delta h = \frac{\lambda}{2B_\perp}\cdot r\cdot\sin\theta \tag{3.18}$$

由此可以推断出, 垂直基线 $B_\perp$ 越大, 则高程模糊度越小, 意味着可以实现更高的高程精度。

假设有两个干涉对, 都是来自 C 波段传感器, 入射角都为 45°。其中一个干涉对有垂直基线 $B_{\perp,1} = 250$ m, 而另一个有 $B_{\perp,2} = 50$ m。

$$\Delta h_1 = \frac{0.0515 \text{ m}}{2 \times 250 \text{ m}} \times 500 \text{ km} \times \sin 45° = 36 \text{ m}$$

$$\Delta h_2 = \frac{0.0515 \text{ m}}{2 \times 50 \text{ m}} \times 500 \text{ km} \times \sin 45° = 182 \text{ m}$$

随着垂直基线的变化, 高程模糊度由 36 m 变为了 182 m。更大的基线意味着相位对高程更加敏感。

这表示对于第一组干涉对的干涉图来说, 同一颜色的线间的高度差为 36 m, 而在第二组干涉对中为 182 m。但是, 由于高程是模糊的, 在第一幅干涉图中, 对于具有相同相位值的点, 其高程差可能为 0 m, 36 m, −36 m, 72 m, −72 m, 108 m, 等等。这种高度上的模糊性是由于相位缠绕造成的, 必须在创建 DSM 之前将其解决。该模糊性的消除通过相位解缠来完成, 相位解缠将在下面介绍。

然而, 在条纹密集的情况下 —— 条纹指干涉图中具有相同颜色的线条 —— 相位解缠在第一幅图像中 (高程模糊度为 36 m) 比在第二幅图像中 (高程模糊度为 182 m) 更加困难和易产生误差。

同时, 较低的高程模糊度可以使高程观测的精度更高。干涉图的误差 (例如由噪声引起的) 一般表示为相位, 因此, 假设可以在 5° 的精度内测量相位, 从两点间相位差中求出高程差的计算公式为

$$\frac{\Delta\phi}{\Delta h} = \frac{4\pi}{\lambda}\frac{B_\perp}{r \cdot \sin\theta} \tag{3.19}$$

则有

$$\Delta h = \frac{\lambda \Delta\phi}{4\pi}\frac{r \cdot \sin\theta}{B_\perp} \tag{3.20}$$

因此

$$\Delta h_1 = \frac{0.0515 \text{ m} \times 0.0873}{4\pi} \times \frac{500\,000 \text{ m} \times \sin 45°}{250 \text{ m}} = 0.5 \text{ m}$$

$$\Delta h_2 = \frac{0.0515 \text{ m} \times 0.0873}{4\pi} \times \frac{500\,000 \text{ m} \times \sin 45°}{50 \text{ m}} = 2.5 \text{ m}$$

因此, 假设我们可以在 5° 的精度内测量相位, 如此计算可以得到垂直基线为 250 m 的第一组干涉对的精度为 0.5 m, 而垂直基线为 50 m 的第二组干涉对

精度只有 2.5 m。较小的高程模糊度可以让我们获取更高理论精度的 DSM, 但在相位解缠时更加困难, 且对噪声更加敏感, 这些将在下面详细讨论。

图 3.8 是三个干涉图示例。图 3.8b 中干涉图的垂直基线仅有 7.8 m。因此, 高程对于相位的影响十分有限, 且在建筑立面上没有密集的条纹; 图 3.8c 中的垂直基线为 110 m; 图 3.8d 中为 −245 m。可以看出, 沿建筑立面的条纹密度的变化清楚地显示了垂直基线和条纹密度之间的关系, 因此也展示了和高程模糊度的关系。

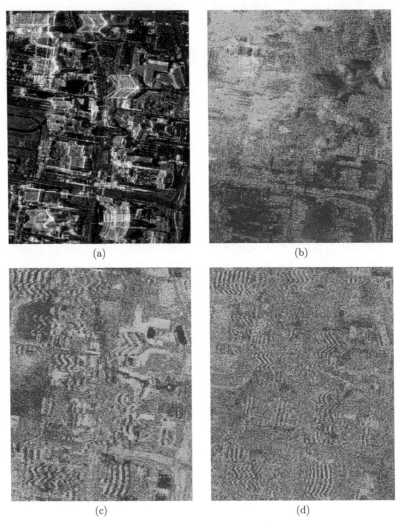

图 3.8    (a) 2019 年 9 月 8 日拉斯维加斯的高分辨率 TerraSAR-X 聚束模式的图像 (©DLR, 2010); (b) 主图像于 2010 年 6 月 1 日获取的 7.8 m 基线的干涉图; (c) 主图像于 2010 年 12 月 16 日获取的 110 m 基线的干涉图; (d) 主图像于 2010 年 2 月 22 日获取的 −245 m 基线的干涉图

### 3.2.8 地形相位移除

下一步对于 DSM 生成而言并不是强制性的, 但可能是有用的。与平地相位移除类似——事实上这两个步骤非常相似, 可以结合为一个步骤——可以从数据中移除已有 DEM 的已知相位贡献, 在进一步处理中这可能很有用。根据现有 DEM 移除地形相位之后, 由此产生的高程是相对于这个现有的 DEM 的。假设两个像元间有 5 m 的高程差异, 则意味着实际高程与现有 DEM 高程之间存在差异, 且这种差异在像元 1 和像元 2 之间的相对差异为 5 m。每个点的相位基于下式计算:

$$\phi = \frac{4\pi h}{\lambda} \frac{B_\perp}{r \cdot \sin \theta} \tag{3.21}$$

其中, $h$ 是从相对于移除平地效应所用基准面的高度。计算出的相位 $\phi$ 随后会从去平后的干涉图中移除。

为了进行该处理, $h$ 需要对每个像元而言都是已知的。这需要将 DEM 转化至雷达坐标系。理论上也可以将每个像元转至世界坐标, 但这种处理需要对高程有先验知识, 因此只能通过迭代来间接实现, 这使得比将 DEM 转为雷达坐标系要慢得多。

DEM 到雷达坐标系的转换方法与第 3.2.4 节所述的类似。DEM 中的每个点被转为雷达坐标, 该转换过程不存在模糊, 因为世界坐标中的高程和位置都是已知的。然后, 对变换后的坐标进行三角剖分, 例如使用 Delaunay 三角剖分。接下来为雷达坐标系中的每个像元点, 找到一个匹配的三角形, 并以此进行插值。也可以采用其他插值方法, 可能会得到更好的结果。

现在, 我们可以计算雷达坐标系中每个像元的相位。然而这可能需要较长时间, 所以为避免这种情况, 通常可以计算 DEM 中每个点的相位, 然后将高程和相位一步转换为雷达坐标, 再对这些点三角剖分。之后可以根据每个三角边的地形相位, 直接对每个像元的地形相位进行插值, 而不是求每个点的高程并对相位进行处理。这可以节省大量的处理时间, 因此也是一种典型的实现方法。

图 3.9 和图 3.10 分别是由 DEM 转为雷达坐标系得到的高程图和移除地形相位后的干涉图的示例。

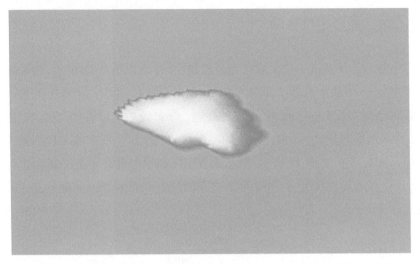

图 3.9　乌鲁鲁艾尔斯岩区域插值高程, 用于 InSAR 干涉对的相位计算

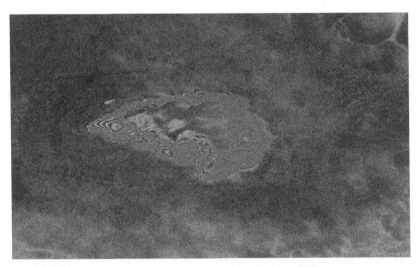

图 3.10　乌鲁鲁艾尔斯岩区域移除地形相位后的干涉图

### 3.2.9　相干性估计

相干性是干涉图的预期质量的重要指标。如果两相位之间的相位差值是一个定值的话, 则定义它们是相干的, 这也是研究相位干涉和创建 (有意义的) 干涉图的先决条件。此外, 相位需要满足频率和波形相同才能被认为相干, 而在 InSAR 中这一点通常都会满足。

给定两幅 SAR 图像之间的复相干性 $\gamma$ 可以计算如下:

$$\gamma = \frac{E[v_1 v_2^*]}{\sqrt{E[v_1 v_1^*]}\sqrt{E[v_2 v_2^*]}} \tag{3.22}$$

其中, $v_1$ 和 $v_2$ 分别是第一幅和第二幅图像的复像元值。* 表示复共轭, $E[\ldots]$ 表示期望, $0 < \gamma < 1$。

由于斑点效应具有随机性, 必须对期望进行处理。因此, 相干性是通过多个像元来估计的, 通常在待分析的像元周围以矩形窗口的形式出现, 期望值 $E[\ldots]$ 则以矩形窗口内的平均值替代。

相干性图非常有助于预估干涉图中不同部分的质量。SAR 图像相干性损失的原因多种多样, 这些将在第 3.4 节中进行更详细的讨论。作为一种质量指标, 相干性在处理过程中非常有用, 因为可以使我们在数据处理的早期阶段估计出结果的预期质量。它还为我们指示出区域的相干程度是否可以接受, 从而使我们在后续处理中对低相干区域掩膜。图 3.11 是相干性图的一个示例。

图 3.11 乌鲁鲁艾尔斯岩区域的干涉相干性图

这对于相位解缠而言尤为重要, 当解缠受噪声影响严重的区域, 即低相干区域时, 会产生许多相位解缠误差, 并消耗大量的时间。这些区域并不必解缠, 因为这些区域中得到的结果总会被噪声所主导。因此, 进行相干性估计并在相位解缠中掩膜低相干区域是十分普遍的做法。

### 3.2.10    相位解缠

相位解缠步骤将缠绕相位解缠为绝对相位, 因此解决了相位处于 $-\pi$ 至 $\pi$ 之间的局限。干涉相位的组成有

$$\phi = \phi_t + \phi_n$$

其中, $\phi_n$ 是相位噪声, 而 $\phi_t$ 中包含了真正的相位信息, 比如地形起伏所引起的相位。然而, 在 SAR 图像中所要处理的实际缠绕相位 $\varphi$ 为

$$\varphi = W\{\phi\}, \quad -\pi < \phi < \pi \tag{3.23}$$

其中, $W\{\dots\}$ 为缠绕算子。缠绕问题即从一个给定的缠绕相位 $\varphi$ 里估计出解缠的相位 $\hat{\phi}$, 或者理想地, 估计出 $\hat{\phi}_t$。然而, 相位解缠的模糊性是处理中最主要的问题。这里有一些解决方法: 在相位解缠处理中, 我们尝试寻找最具有可能性的相位。这种说法在我看来并不能使人树立起对该处理的信心, 我想在一些读者看来也是如此。

由于其模糊的本质, 相位解缠中需要额外的约束。"平滑性" 的要求就可以作为一种约束, 即我们期望相位的变化是平滑的, 这在解缠诸如山脉等自然地物的地形相位时可以是一个很有用的约束。然而, 在城市地区, 要求相位具有平滑性可能不会带来理想的结果, 我们可以加入其他约束, 例如可以根据建筑的覆盖足迹, 沿着建筑立面来解缠相位。

然而, $\varphi$ 与 $\phi$ 之间也有明确的关系。

$$\phi = a \cdot 2\pi + \varphi \tag{3.24}$$

其中, $a$ 为整数。事实上, 由于未知数 $a$ 是整数, 有助于减小搜索空间, 并提供解决解缠问题的方法。

在一维相位中进行相位解缠 (图 3.12) 意味着任何相位的不连续都将导致断开。对不连续相位做出的假设需要以一定的一维相位模型为基础。例如, 若相位值线性变化, 则可以成功地在一维中解缠, 只要这种线性性质是已知并可以很好地估计。同时, 仅从一个维度不能恢复那些更复杂或不可预测的相位变化。

二维相位解缠有更多可能的路径, 可以沿着这些路径解缠相位, 从而增加了相位的连接性。此外, 二维相位解缠中可以通过残差点来检测数据中相位的不连

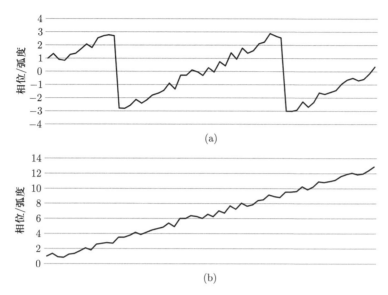

图 3.12    一维相位序列: (a) 缠绕相位; (b) 解缠相位

续。残差点即相位梯度的积分不能闭合为零的点 (Goldstein et al., 1988)。因此，找到这种残差点是检测和校正这种相位不连续的关键。

相位解缠是从 −π 至 π 之间的模糊的已知缠绕相位值中获取不具有模糊性的相位值的过程。相位解缠是 InSAR 处理中的重要步骤。InSAR 中的相位解缠需要可靠的二维解缠算法, 这些算法目前已经发展了几十年 (Chen & Zebker, 2001; Costantini, 1998; Ghiglia & Romero, 1996; Goldstein et al., 1988)。

### 3.2.11    DSM 生成

1) 相位–高程转换

相位经过解缠后通过式 (3.25) 转为高程值:

$$\Delta h = \frac{\Delta\phi \cdot \lambda \cdot r \cdot \sin\theta}{4\pi B_\perp} \tag{3.25}$$

鉴于计算的是 $\Delta h$, 即像元之间的高程差, 很显然我们正在处理相对的高程值, 而不是绝对高程值。因为即使经过了相位解缠, 也只知道像元之间的相对的解缠相位, 而不知道相位所经过的周期的绝对数目。

相对高程可以形成 DSM, 如图 3.13 所示。然而作为相对值, 这样的 DSM 意义有限。因此必须进行校正以获得绝对高程值。

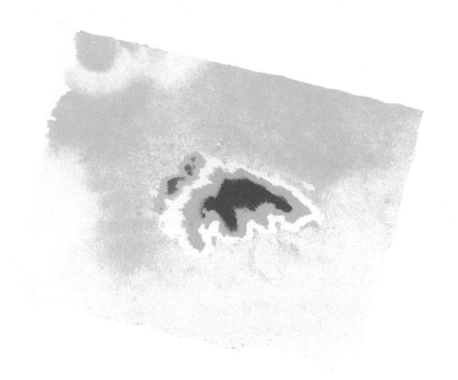

图 3.13   干涉 SAR 获取的乌鲁鲁艾尔斯岩区域 DSM

### 2) 从相对高程到绝对高程

需要额外的信息才能将相对高程 $\Delta h$ 转为绝对高程 $h$。可以是一个已知高程的参考点的形式。只需要一个参考点, 因为已知图像中所有像元之间的相对高程, 除了在前一步中由于低相干性而被掩膜的像元。如果有大面积的图像被掩膜, 且一部分图像被分离或形成了孤岛, 那么这些部分的解缠相位也将是分离的, 相位解缠将不能提供统一的结果。这种情况下可能需要多个参考点, 即对于解缠后图像的每个部分, 或对于每个 "相位孤岛", 都需要有一个可靠的参考点。

也可以使用已有的 DEM, 而不是参考点。此时可以将相对 DSM 的平均高程与平均 DEM 高程进行匹配, 从而得到绝对值的 DSM。

### 3) 最终 DSM 的地理配准

最后一步是在雷达坐标系下进行的 DSM 的地理配准, 需要配准至世界坐标系或某一局部坐标系。SAR 的雷达编码, 即从三维世界坐标到二维图像坐标的转换, 已经由距离–多普勒法很好地确立了 (Cumming & Wong, 2005), 然而二维图像至三维世界的坐标转换仍是模糊的。

然而, 已知点在世界坐标中的高程, 就可以实现从雷达图像坐标系和高程到二维世界坐标的无模糊转换。该处理的结果是三维坐标点云, 因为在世界坐标中得到的点不会是一个规则的栅格, 这是由 SAR 基于延时的侧视成像几何所引起的。

最后一步, 需要将点云插值成规则的栅格。方法有很多, 标准方法是三角剖分这些点, 然后进行高程插值。这种方法在自然环境中效果很好, 此时可以假设地形是 2.5 维的, 即没有垂直墙壁的地形。在摩天大楼林立的城市里, 这种方法往往得不到令人满意的结果。此时在了解建筑结构的基础上进行插值可能会更合适。

## 3.3 聚束模式和 TOPS 模式下的 SAR 干涉测量

前面的例子都对应于 SAR 系统的标准工作模式, 即条带模式。然而, 有些先进的工作模式, 如聚束模式或 TOPS 模式, 进行 InSAR 处理时还需要一些额外的步骤。

聚束模式通过在图像采集过程中旋转方位向波束来增大合成孔径尺寸, 因此增加了天线照射的时间 $t_{AP}$。根据 Eineder 等 (2009), 天线照射时间可表示为

$$t_{AP} = \frac{B_{DP}}{\dot{f}_{DC} - FM} \tag{3.26}$$

其中, $B_{DP}$ 是天线多普勒带宽, $\dot{f}_{DC}$ 是由波束转动引起的多普勒频率, FM 为调频频率。因此, 聚焦后的聚束图像的有效方位向时间间隔 $\Delta t_{SSC}$ 将短于原始数据的时间间隔 $\Delta t_{raw}$。

$$\Delta t_{SSC} = \Delta t_{raw} + \frac{B_{DP} - \Delta t_{raw} \dot{f}_{DC}}{FM} \tag{3.27}$$

在聚束模式的 SAR 图像中, 多普勒质心会在方位向上有系统性的偏移, 在 InSAR 处理和滤波中都需要考虑这一点。因此, 在重采样以及滤波操作 (例如方位向带宽滤波等) 时需要考虑这些多普勒偏移。

如果没有正确地考虑这些偏移, 方位向上就会出现相位残余, 如图 3.14 所示, 这种误差在干涉图的顶部和底部都清晰可见。

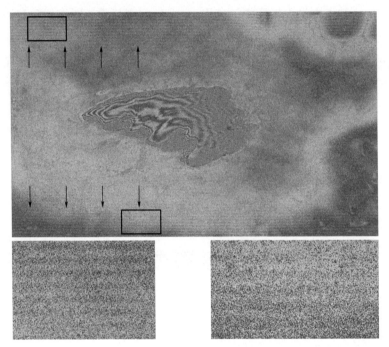

图 3.14　乌鲁鲁艾尔斯岩区域的干涉图, 移除了地形相位但未校正多普勒偏移

类似地, 多普勒质心偏移在 TOPS 模式中也必须得到校正 (Prats-Iraola et al., 2012)。此外, TOPS 模式数据有很高的重采样精度要求。这可以通过前面章节所讨论的光谱多样性方法或 TOPS 模式中的 ESD 方法来达到。

## 3.4　误　差　源

理论上, 我们可以通过 SAR 干涉测量获得高精度的 DSM。然而事实上, 有许多误差源会影响结果质量。因此了解那些最常见的误差源以及它们的性质是很重要的。

### 3.4.1 相干性损失

与其说相干性的损失是问题所在, 不如说是一种问题表现。正因为可以估计出相干性——记住, 实际上我们并不是在测量相干性, 而是根据图像之间的相似性来对相干性进行估计——才有了一个干涉测量的质量指标。

相干性的损失并不是误差源本身。一些误差会导致相干性的损失, 但在干涉测量中存在多种误差源。因此, 如果仅将误差描述为相干性损失, 而不进行进一步解释, 那么只是相当于假定了实际的误差来源是未知的。这种假设并不罕见。

有许多可能影响相干性 (也因此影响了干涉测量质量) 的因素, 所以很难明确地把它们挑出来。此时人们经常将误差描述为相干性的损失。同样, 有时会把疾病描述为 "发烧", 这也只是一种问题现象, 真正的原因却不知道。对于普通感冒, 有时并不需要知道病情好转的确切原因, 类似地通常也并不需要知道相干性损失的确切原因, 但就像感冒时一样, 知道其原因可以帮助减轻影响。

相干性也可以用作分类。时间基线、波长和相干性损失之间的关系可以帮助估计地表的变化程度——假设相干性损失主要归因于时间失相干。这对于分类和制图很有用。

多年来, SAR 相干性被用于各种应用。Prati 和 Rocca (1992) 采用相干性图来进行目标分类, 提出了一种基于长期相干性和时间后向散射变异性概念的 SAR 图像分类的新系统。此外, 通过相干变化检测 (coherence change-detection, CCD) 来检测时间变化是 SAR 的一个成熟应用 (Preiss & Stacy, 2006)。SAR 图像的相干性和强度特征也已被用于监测城市活动和变化的一些技术。许多研究中已经提出了利用 SAR 图像的相干性和强度特征进行变化检测的无监督阈值技术 (He & He, 2009)。Jendryke 等 (2017) 结合社交媒体信息和 SAR 图像研究了上海的人类活动和城市变化。Washaya 等 (2018) 采用相干性变化检测来进行各种自然和人为灾害的损失评估。

### 3.4.2 时间失相干

地面在 SAR 图像获取之间的变化会导致时间失相干。这种变化与地物的物理变化有关, 影响了传感器与后向散射目标之间的距离。由于相位的缠绕, 超

过半个波长的变化会导致完全的失相干。较小的变化也会导致相位相干性的
降低。

例如, 建筑通常不会发生较大的变化, 可以在长时间内保持其位置和物理性
质并保持相干。而树木, 尤其是它们的叶子和枝干是一直生长的, 还会随风摇摆。
重轨 SAR 卫星获取图像一般要间隔几天, 在此期间树木的物理性质可能会发生
显著变化。

这种变化对于相干性的影响是可以估计的, 例如可以采用一个简单的模型
(Zebker & Villasenor, 1992)。

$$\gamma = \mathrm{e}^{-\frac{1}{2}\left(\frac{4\pi}{\lambda}\right)^2(\sigma_y^2 \sin^2 \theta + \sigma_z^2 \cos^2 \theta)} \tag{3.28}$$

其中, $\sigma_y$ 和 $\sigma_z$ 描述了目标的运动, 如图 3.15 所示。

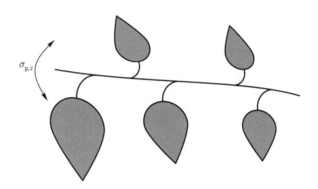

图 3.15   叶子沿 $\sigma_{y,z}$ 的运动

从图 3.16 中可以看到, 相干性的损失在很大程度上取决于系统的波长。对
于波长大概为 3 cm 的 X 波段系统, 即使是很小的目标运动也会使相干性迅速
降低至 0.3 以下 (通常认为 0.3 的相干性仍然是可用的)。此外, 类似于 X 波段
的短波段主要接收树冠顶部的反射, 而树冠顶部主要由变化最快的树叶和小树枝
组成, 因此比较敏感。较长的波长, 例如波长大约为 20 cm 的 L 波段, 只会接收
由树木较大的部分和较粗的枝干引起的后向散射。这些部分随风摆动较小, 生长
也更缓慢, 因此非常不敏感。这就是为什么长波长系统能在植被覆盖区域保持相
干的原因; 但是, 长波长系统也不能免受时间失相干的影响。

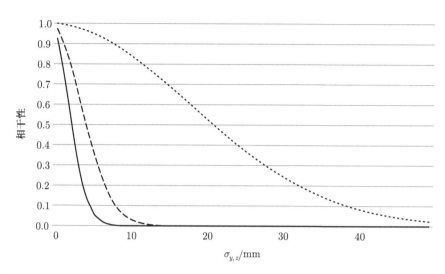

图 3.16　Zebker 和 Villasenor (1992) 所描述的相干性的损失。$X$ 轴为 $\sigma_{y,z}$ 的运动, $Y$ 轴为相干性。实线代表 X 波段, 虚线代表 C 波段, 点划线代表 L 波段

### 3.4.3　大气延迟

许多 SAR 算法中都假设信号以光速传播。然而这是一种简化, 因为电磁信号在大气中的传播速度会降低。在干涉 SAR 中, 这种常规的延迟不是很重要, 因为我们处理的是像元之间的相位差。也就是说, 只要像元间大气的延迟是相同, 或更准确地说, 只要形成干涉图的两幅图像大气延迟之间的差异在像元之间是相同的, 相位差的计算将不受影响, 干涉过程也可以很好地进行。InSAR 中大气延迟的问题是由图像中的大气延迟差异所引起的。这样的差异会在一个像元至另一个像元之间产生相位差, 从而使干涉图中包含了由大气延迟差异所引起的相位分量。那么大气延迟差异又是由什么引起的呢?

在从卫星传感器到地表的路径中, 信号会穿过电离层, 此时路径延迟取决于电离层中电子的数量 tec:

$$\delta_{\text{ionosphere}} = \frac{40.28 \text{ m}^2\text{s}^{-2}}{f^2} \frac{\text{tec}}{\cos\theta} \tag{3.29}$$

其中, $f$ 是雷达的中心频率; tec 是每平方米电子的数量, 其值通常在 $5 \sim 10$ TECU (1 TECU 为 $10^{16}$ 个电子)。对于短波长系统, 通常这种影响是很小的。但是对于长波长的系统, 电离层延迟的影响是显著的, 尤其是在有强烈太阳活动的

期间, 最高可达 100 TECU。再次强调, 大气延迟对 InSAR 的影响仅与像元间路径延迟的差异有关, 且电离层中的电子含量只随着空间逐渐变化, 所以一般认为这种影响在干涉图上是较小的, 但在长波长的情况下会变得显著。

经过电离层, 信号将穿过对流层。在对流层中, 大气中的水分含量是造成信号路径延迟的主要因素。大气中的水分并不是恒定的, 而是在时间和空间上变化的, 并对所有波长均有影响。例如考虑一朵云, 我们知道云的内部和外部的湿度是不同的, 且云在空间和时间上都在变化。在干涉测量中, 湿度和压力的变化对相位差有很大的影响。这种影响通常对于彼此距离较远的像元会变得更强, 而对于相邻像元通常可以忽略不计。真实情况即是如此, 因为大气和大气的含水量是逐渐变化的, 我们通常也不会看到大气相位的突然跳跃。然而, 极端条件下湍流大气可能会导致更高的相位延迟差异。

大气延迟, 或更确切地说是大气延迟在图像获取间隔内的变化, 也称为大气相位屏 (atmospheric phase screen, APS), 是 InSAR 中一个很大的误差源。它使教科书中关于 SAR 独立于天气的说法受到质疑。虽然我们可以在 (几乎) 所有天气条件下获得 SAR 图像, 但有关 SAR 的测量却总是受到大气的影响。

消除大气延迟影响的方法是存在的。一种方法是将干涉图获取的时间间隔减少到接近于零, 例如双基地 SAR。另一种方法是使用来自全球气候模型的额外信息来估计并消除大气路径延迟的影响, 这将在第 10 章中讨论。最后, 如果有多幅 SAR 图像, 这种路径延迟可以在数据本身中进行估计并移除, 而这将在第 6 章中讨论。

### 3.4.4　轨道误差

干涉测量需要以较高精度来估计出传感器的位置, 从而保证基线估计得正确。此外, 形成干涉图的图像之间基线的变化可能会产生问题, 需要进行校正。所有这些都需要对每一时刻传感器的位置有精确了解。对于星载系统, 传感器位置就是指卫星轨道, 所以称作轨道误差。轨道误差对于机载系统来说是更大的问题, 这是因为机载系统在成像过程中飞行路径的变化较大。星载传感器中的轨道估计误差通常会在产生的干涉图中导致相当明显的模式, 称作相位斜坡, 即相位的线性变化。这种线性模式通常很难出现在自然地形、形变或大气影响中, 这使得轨道估计的误差在干涉图中相对容易区分。通常, 星载 SAR 传感器可获得两套轨道信息。其一是标准轨道信息, 有时也称为快速轨道信息, 该轨道信息在图像采集期间或之后直接可用。这些轨道信息通常不太精确, 因此 SAR 测量中也不太适合采用这种轨道信息。更精确的轨道信息是在之后被计算的, 依据对卫星路径的测量。这种轨道信息称作精密轨道, 在图像获取之后过几天才可获取。对于非时间紧急的 SAR 应用, 一般建议始终采用精密轨道, 从而减少轨道误差。

# 3.5 小 结

在 DSM 生成方面, InSAR 是一种非常精密的方法。要使 InSAR 达到高精度则需要考虑各种误差源。若减小图像获取的时间间隔 (理想情况下为零), 避免大气差异和时间失相干, 则许多这些误差都可以减少或避免。但是, 仍然不能避免相位的缠绕以及相位测量的固有模糊。这种情况下的模糊可以通过在不同基线下进行多次图像获取来解决。

InSAR 是一个复杂的多步骤过程, 其中可能存在的误差源多种多样。因此, 应采取一些质量保证措施, 进行仔细地处理, 从而保证生成的 DSM 正确。如果处理得当, InSAR 可以较高精度生成大面积的 DSM。这也就是为什么最著名和最精确的全球 DEM, 即 SRTM、TanDEM、WorldDEM, 都是由 InSAR 数据生成的。

# 第 4 章

# StereoSAR

InSAR 在生成 DEM 方面有着独特能力, 可以生成高精度的 DEM 并覆盖广泛区域。然而, 如之前章节所述, 尽管 InSAR 具有很大潜力, 但却受到时间失相干和大气扰动的影响。这些并不是小问题, 事实上这些问题足以严重到使世界上很大一部分地区都不能进行重轨 SAR 干涉测量, 因为厚植被覆盖会在很短时间内导致失相干。解决此问题的最好办法是尽可能地降低成像的时间间隔, 即降低时间基线。采用双基地雷达可以将时间基线减少至接近为零。然而, 双基地系统的成本要高很多, 且数据可用性也会受到限制。用星载数据生成 DSM 的另一种方法是采用光学数据的摄影测量, 也可以达到较好的精度。然而, 在世界上的一些地区, 尤其是在热带地区, 云层覆盖几乎是永久性的, 因此阻碍了光学数据的使用。而密集的植被又导致了时间失相干, 使得 InSAR 也变得毫无用处。在这种情况下, SAR 还提供了一种利用距离向上的像元位置取决于目标高程的原理, 从而估计高程的方法。与摄影测量类似, SAR 的摄影测量也利用 SAR 图像的几何性质来测量地形。

雷达立体摄影测量 (stereo-radargrammetry, StereoSAR) 是首个从机载雷达数据中生成 DSM 的方法。La Prade (1963) 首次给出了 StereoSAR 的原理, 后来 StereoSAR 投入了使用 (Rosenfield, 1968)。Leberl 等 (1986) 利用星载数据展示了 StereoSAR。由于 StereoSAR 得到的 DSM 的精度取决于空间分辨率, 在高分辨率的商业 SAR 数据出现后, StereoSAR 得以复兴。StereoSAR 已通过高分辨率 TerraSAR-X 数据 (Raggam et al., 2010)、COSMO-SkyMed 聚束数据 (Capaldo et al., 2011) 和 Radarsat-2 数据 (Toutin & Chenier, 2009) 进行过展示。

# 4.1　StereoSAR 简介

StereoSAR 利用从不同轨道获取的两幅 SAR 图像, 通过测量距离向位移的差异来确定点的相对高度。这种位移差异也称为视差。视差与图像间的入射角差异 $\Delta\theta$ 有关。

$$\Delta\theta = \theta_1 - \theta_2 \tag{4.1}$$

图 4.1 中展示了 StereoSAR 的基本原理。取决于入射角, 物体将根据其自身高度映射至距离向。对于角度较平的图像, 这种偏移相对较小, 但在从更陡峭角度获取的图像中, 这种偏移将会增加。当在两幅图像中都可以找到相应的点, 并可以确定视差时, 就可以进行高程重建。由于距离向位移的程度取决于目标的相对高度, 因此可以推导出相对高度。在两幅图像中识别同名像点是 StereoSAR 的技术挑战。

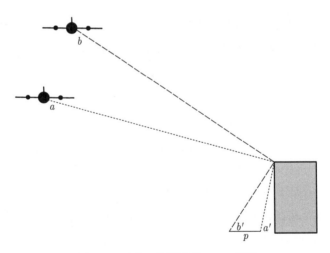

图 4.1　雷达立体测量的 SAR 配置

# 4.2　同名像点搜索

StereoSAR 依赖于同名像点的精确识别。可用的方法有几种, 标准方法是采用归一化互相关性, 按照互相关性 $\sigma$ 最高进行搜索 (Fayard et al., 2007)。

$$\sigma = \frac{1}{N-1} \sum_{x,y} \frac{(m_{x,y} - \overline{m})(s_{x,y} - \overline{s})}{\sigma_{\mathrm{m}} \sigma_{\mathrm{s}}} \tag{4.2}$$

其中, $N$ 代表搜索窗口内的有效像元数量, $m_{x,y}$ 和 $s_{x,y}$ 分辨代表主图像和辅图像 $(x,y)$ 处的像元值。$\overline{m}$ 和 $\overline{s}$ 分别为主、辅图像搜索窗口内像元的平均值, $\sigma_{\mathrm{m}}$ 和 $\sigma_{\mathrm{s}}$ 则表示对应的标准差。归一化互相关性可靠而有效, 已在第 3.2.3 节中讨论过该方法。

其他方法, 例如交互信息法 (Viola & Wells, 1997; Xie et al., 2001) 或半全局匹配法 (Hirschmuller, 2007) 也是可以的。基于边缘的匹配也是一种通用方法, 同时边缘和灰度相结合的图像匹配也被证明可以得到好的结果 (Paillou & Gelautz, 1999)。

匹配错误是 StereoSAR 中的常见问题。为减少匹配错误, 一种方法是对图像匹配施加约束, 例如使用极线几何约束。极线图像仅在的距离轴发生斜距的偏移, 因此需要在方位向上进行配准。这是可行的, 因为目标在方位向上的位置并不取决于其高度。然而, 仍需要校正强烈的地形影响, 比如可以基于一个低分辨率的 DEM, 对待轨道影响也是如此。创建出极线图像后, 只需要在距离向中搜索同名像点, 处理时间也得到缩短。此外, 如果极线图像创建正确的话, 也会使结果更加精确和可靠。

也可以采用诸如金字塔的分层匹配策略 (Denos, 1992)。算法的基本思想很简单: 原始图像开始建立图像金字塔, 随着级数上升, 在第 $n$ 次迭代中, 图像大小以因子 $2^n$ 减小。从金字塔的顶部开始图像匹配, 首先使用分辨率最低的图像, 然后沿着金字塔向下, 每一步都增加分辨率。

在处理 SAR 图像时, 必须考虑斑点的不利影响。因此在对同名像点进行搜索之前, 通常要采用斑点滤波削弱其影响, 以获得更可靠的搜索结果。读者可参考第 2.5.2 节来了解更多关于的斑点滤波方法的信息。

# 4.3　相对高程信息获取

高程可以通过式 (4.3) 计算:

$$h = \frac{p}{\cos\theta_1 \pm \cos\theta_2} \tag{4.3}$$

其中, $h$ 为相对高程, $p$ 为斜距内的距离差, $\theta_1$ 和 $\theta_2$ 为入射角。这里可以是角度
的余弦之和或者之差, 取决于立体模式: 假如采用如图 4.1 所示的标准的同侧模
式, 则为相加; 假如采用异侧模式, 则为相减。尽管异侧模式理论上可以达到更高
精度, 但很少采用这种模式, 因为该模式下很难搜索同名像点。从式中可以看到,
所能达到的精度取决于图像入射角的差异, 入射角差异较大时, 可以对获得更高
精度的高程观测。然而, 入射角差异更大也会使图像的区别更大, 从而也会使同
名像点的搜索更加困难。

## 4.4　DSM 生成

计算出每个点的相对高程后, 必须再将其转化为绝对高程。例如通过一个高
程已知的参考点, 或最小化由 StereoSAR 生成的预期精度更高的 DSM 和已知
DEM 之间的差值。基于这些绝对高程值, 可以将图像中每个像元转到世界坐标
系以得到最终的 DSM。由于这些点在转换后不能形成规则的网格, 因此必须进
一步插值, 例如通过在地理参考点之间进行三角剖分, 并根据三角测量估计网格
高度。也可以采用其他类似克里金插值的方法。通常, 最终的 DSM 中会包含空
值区域, 可能为雷达阴影区或应被掩膜的互相关性非常低的区域。

## 4.5　绝对高程信息的获取

也可以直接通过 StereoSAR 获取绝对位置。地心坐标系 $(x, y, z)$ 可以通过
一个超大方程组来获得, 其中 $(X, Y, Z)$ 为两次成像时的卫星位置, $(\boldsymbol{X}_v, \boldsymbol{Y}_v, \boldsymbol{Z}_v)$
为两次成像时的卫星速度矢量。

$$\begin{cases} r_1^2 = (x - X_1)^2 + (y - Y_1)^2 + (z - Z_1)^2 \\ 0 = (x - X_1)^2 \boldsymbol{X}_{v1} + (y - Y_1)^2 \boldsymbol{Y}_{v1} + (z - Z_1)^2 \boldsymbol{Z}_{v1} \\ r_2^2 = (x - X_2)^2 + (y - Y_2)^2 + (z - Z_2)^2 \\ 0 = (x - X_2)^2 \boldsymbol{X}_{v2} + (y - Y_2)^2 \boldsymbol{Y}_{v2} + (z - Z_2)^2 \boldsymbol{Z}_{v2} \end{cases} \quad (4.4)$$

方程组中有四个方程和三个未知数, 因此可以求解, 然而还需要考虑误差。
误差来源于不精确的匹配及不精确的亚像元匹配、卫星元数据的轨道误差和对

距离 $r$ 的估计误差等, 尤其是由大气延迟差异引起的误差。将在第 10 章中对此进行更详细的讨论。

## 4.6  StereoSAR 在嵩山的应用示例

示例采用覆盖中国河南嵩山的 TerraSAR-X 条带模式数据。因为山上有少林寺, 嵩山在世界很有名。嵩山的自身海拔并不是很高, 仅有约 1500 m, 但山坡很陡。山坡植被覆盖密集, 因此干涉 SAR 会在很短时间内失相干, 而 StereoSAR 受到的影响较小。

研究采用一对 TerraSAR-X 条带模式升轨图像。图 4.2 中展示了两幅图像的振幅数据。

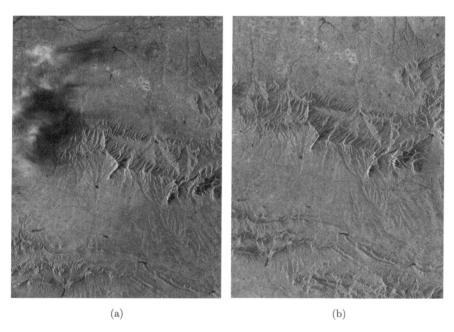

(a)                              (b)

图 4.2  用于 StereoSAR 实验的 TerraSAR-X 条带图像: (a) 2011 年 7 月 12 日; (b) 2011 年 7 月 18 日 (©DLR, 2011)

2011 年 7 月 12 日的图像获取期间有一场特大暴雨, 如图 4.2a 所示。尽管通常认为 SAR 可以独立于天气, 但暴雨依然会干扰 SAR 成像, 尤其是对于波长较短的图像。显然, 这会对 StereoSAR 的结果产生负面影响。然而, 在没有被强降雨覆盖的地区仍然可以产生可靠的 DSM。这种极端降雨及其伴随的湍流和大气中的水汽差异将显著影响 SAR 干涉测量, 因此这种情况下无法通过 InSAR 获取可靠的 DSM。

因此, StereoSAR 是一种更稳定的技术。然而, 其结果取决于数据的空间分辨率, 更高的分辨率会提供更高精度的结果。此外, 在最佳条件下, 干涉 SAR 可以提供比 StereoSAR 更精确的结果。这种 "最佳条件" 通常只能通过双基地系统实现。考虑到 StereoSAR 方法的稳定性, StereoSAR 可以采用范围更广的数据集进行处理。

结果如图 4.3 所示。从互相关性中可以看到降雨对结果的负面影响, 因为在暴雨区域中没有找到高相关的匹配点。其余的许多区域中, 匹配点的相关性则较高。

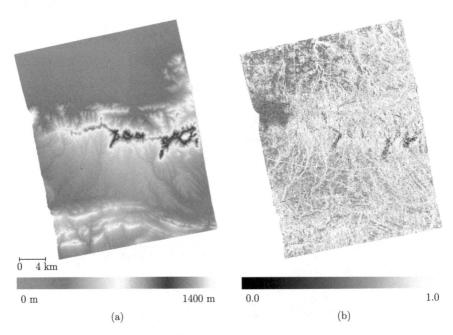

图 4.3　StereoSAR 获取的 DEM (a) 以及最大互相关性 (b)

整体的平均绝对误差大约为 6.2 m, 均方根误差为 10.4 m (Balz et al., 2013)。在使用 TerraSAR-X 聚束模式数据的类似实验中, 精度提高到了 8.7 m (均方根误差), 清楚地展示了可实现精度与空间分辨率的密切关系。Balz 等 (2013) 采用了基于 StereoSAR 方法的一个变种技术, 但其结果与标准 StereoSAR 方法预期得到的结果十分相近。

# 4.7 小 结

StereoSAR 是一种非常可靠且 (几乎) 独立于天气的技术。由于其依赖的是振幅而非相位, StereoSAR 对于大气扭曲和时间失相干具有更强的抵抗能力。StereoSAR 是一个标准化的过程, 类似于摄影测量, 可以使用一些完善的摄影测量工作流, 使其非常适合在具有良好摄影测量经验的环境中使用。StereoSAR 依赖于同名像点的准确识别, 因此要求地面点具有一定的可识别性。StereoSAR 在存在大量结构元素的图像中可以执行良好, 因为从这些结构元素中可以很容易地识别出同名像点, 但在地表极其均匀的区域 StereoSAR 可能会失败。不幸的是, 在应用中是会出现均匀区域这种情况的, 如一些热带森林在树冠顶部会呈现出非常均匀的表面。这种情况下 StereoSAR 可能不会得到令人满意的结果。StereoSAR 的另一个缺点是其可实现的精度依赖于系统的空间分辨率。同名像点可以在像元精度或亚像元精度中找到, 因此 StereoSAR 的精度直接取决于分辨率。这与干涉测量有很大的不同, 干涉测量的理论精度取决于系统的波长, 而非空间分辨率。由于 StereoSAR 中必要的斑点滤波进一步降低了有效的空间分辨率, 因此也必须对斑点滤波器的大小进行一个好的折中, 以便既能有效地降低斑点效应, 也将空间分辨率的降低减至最小。

# 第三部分

# 地表形变测量

# 第 5 章

# 差分 SAR 干涉测量

在差分 SAR 干涉测量 (differential SAR interferometry, D-InSAR) 中, InSAR 的基本原理同样适用。如第 3 章所述, 我们采用的是两次 SAR 成像间的相位差:

$$\phi = \phi_1 - \phi_2 = \frac{4\pi}{\lambda}\Delta r \tag{5.1}$$

其中, $\phi_1$ 和 $\phi_2$ 分别为两次成像获取的相位, $\lambda$ 为波长, $\Delta r$ 为两次成像间的斜距差 (图 5.1)。对于 DEM 的生成, 是从成像间的斜距差中根据三角关系来推出点间的相对高程。然而, 两次成像之间的地表位移也会引起斜距差。之前从噪声和相干性损失的角度讨论了目标的移动, 事实上, 在两次成像间缓慢移动的目标依然可以保持其相位相干性, 因此可以测量出目标位移引起的斜距差。间隔内的位

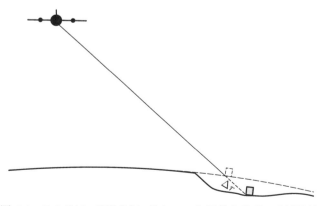

图 5.1    D-InSAR 观测几何, 其中 $\Delta r$ 为视线向位移 (或斜距差)

移需要小于系统波长的一半。星载 SAR 系统的典型重复周期为 $10 \sim 30$ 天, 波长则在 $3 \sim 20$ cm, 因此该方法只能用于测量缓慢的地表位移。构造运动、城市下沉、缓慢移动的山体滑坡、火山活动等中都可能存在每年几厘米的地表位移。这些现象很难通过其他手段来持续调查, 且其他手段成本高昂, 而雷达遥感提供了广泛的范围覆盖和对这些缓慢的地表位移的精确测量。

有几个需要考虑的噪声因素。首先是作为主要扰动因素的时间失相干。在实践中, 会尽全力避免时间失相干, 甚至为此发射双基地卫星以生成不被时间失相干所干扰的 DEM。这种方法对于位移测量并没有帮助。为了进行位移的测量, 必须让两次成像间有显著的时间间隔, 否则就没有任何位移信号可以测量。由于这种无法避免的时间间隔, 必须要面对时间失相干。此外, 由于时间的间隔, 大气和天气情况也会随之变化, 其中就包括了大气延迟的变化, 该因素进一步干扰了位移测量。

因此, 一个稳定目标的干涉相位 $\phi$ 由几种贡献组成:

$$\phi = \phi_{\text{flat}} + \phi_{\text{topo}} + \phi_{\text{motion}} + \phi_{\text{atmo}} + \phi_{\text{orbit}} + \phi_{\text{noise}} \tag{5.2}$$

其中, $\phi_{\text{flat}}$ 是由零高程时的斜距差 (即平地效应) 所贡献的相位; $\phi_{\text{topo}}$ 是地形高程和基线所贡献的相位, 该相位贡献可用于 DEM 生成; $\phi_{\text{motion}}$ 是位移引起的相位贡献, 同时也是 D-InSAR 所关心的相位分量; $\phi_{\text{atmo}}$ 是成像间隔内大气延迟的差异所贡献的相位, 也称作大气相位屏 (atmospheric phase screen, APS); $\phi_{\text{orbit}}$ 是传感器轨道定位不精确所引起的相位贡献; 我们将其余误差源归于 $\phi_{\text{noise}}$, 例如系统热噪声。为了获取清晰的 $\phi_{\text{motion}}$, 重点就是要么知道其余相位分量, 要么尽可能地使它们趋近于 0。在 D-InSAR 中有两种主要的方法来移除 $\phi_{\text{topo}}$: 采用一个已知的 DEM, 即二轨法 D-InSAR; 或额外增加一景 SAR 图像, 即采用三轨法 D-InSAR。

## 5.1　二轨法 D-InSAR

二轨法 D-InSAR 采用两景 SAR 图像来测量成像间隔内的地表位移。两景图像的获取必须有一定的时间间隔, 从而可以测量到足够显著的位移。对时间间隔的要求取决于位移的速率。在典型的重轨 D-InSAR 中, 卫星的每次经过都间隔一些天数。这种间隔降低了可测量的位移速率, 限定了目标的位移速率必须比较缓慢, 比如地面下沉、构造运动、火山活动等。地形的相位贡献 $\phi_{\text{topo}}$ 通过已有的 DEM 进行移除, 处理过程与第 3 章中所描述的一样。如第 3 章所述, 需要先将 DEM 转为 SAR 坐标系, 该过程也在第 3 章中详细讨论了。每个点的地形相位可通过式 (5.3) 计算:

$$\phi_{\text{topo}} = \frac{4\pi h}{\lambda} \frac{B_\perp}{r \cdot \sin\theta} \tag{5.3}$$

其中, $h$ 为高程, 基准为平地效应移除中所采用的零高程面。之后将计算出的 $\phi_{\text{topo}}$ 移除, 且假设 $\phi - \phi_{\text{topo}} = \phi_{\text{motion}}$, 其余相位贡献忽略不计。

D-InSAR 确实忽略了许多相位贡献, 尤其是成像间的大气延迟差异所导致的相位, 这些相位会显著影响 D-InSAR 结果。此外用于估计 $\phi_{\text{topo}}$ 的 DEM 本身通常也不是那么精确, 存在一定的 DEM 误差, 因此会存在残余的地形影响, 即地形误差, 也即未准确移除 $\phi_{\text{topo}}$ 造成的相位残余。

## 5.2 三轨法 D-InSAR

三轨法 D-InSAR 旨在通过增加一景 SAR 图像来改进对 $\phi_{\text{topo}}$ 的估计, 其中一组干涉对用来获取形变相位 $\phi_{\text{motion}}$, 另一组则用来估计 $\phi_{\text{topo}}$, 可以减小二轨法 D-InSAR 中由 DEM 不精确引起的误差。然而, 三轨法 D-InSAR 需要增加一景额外的 SAR 图像。此外, 还需要其中一组干涉对不包含或只含轻微的 $\phi_{\text{motion}}$, 从而可以获取 $\phi_{\text{topo}}$, 否则位移分量也会影响到对 $\phi_{\text{topo}}$ 的估计。因此, 针对单个的地表位移事件, 三轨法 D-InSAR 可以得到好的结果。例如研究地震, 可以采用地震前或地震后的干涉对来估计出 $\phi_{\text{topo}}$, 而不受地震位移分量的影响, 之后采用同震干涉对来估计出 $\phi_{\text{motion}}$。同震干涉对的图像在地震前获取, 而另一幅图像获取于震后。此外, 用于估计 $\phi_{\text{topo}}$ 的干涉对需要具有较长的垂直基线, 而用于估计 $\phi_{\text{motion}}$ 的干涉对需要具有较小的垂直基线, 以最小化地形相位的影响。对于连续的位移, 采用三轨法 D-InSAR 的问题是位移对所有干涉对均有影响, 因此不利于将 $\phi_{\text{topo}}$ 分离出来。

有一种方法可以减小这种影响: 采用不同时间基线和空间基线的干涉对——具有短时间基线和长空间基线的干涉对用于对 $\phi_{\text{topo}}$ 进行估计; 另一

组具有较长时间基线和短空间基线的干涉对用于获取 $\phi_{\text{motion}}$，因为图像获取的时间差越大，干涉图中包含的整体地表位移就会越大。

为使三轨法 D-InSAR 能够起效，地形干涉图中的地形相位应非常突出，而在表示形变的干涉图中，形变相位应占主导地位。因此，干涉图之间的垂直基线的差异也是非常重要的。此外，三轨法 D-InSAR 中的地形相位必须经过解缠。解缠后的地形相位 $\phi_{\text{topo}}$ 将通过地形干涉图基线 $B_{\perp,\text{topo}}$ 与形变干涉图基线 $B_{\perp,\text{defo}}$ 的比值进行转换，并将得到的相位从去平后的形变干涉图 $\varphi_{\text{defo}}$ 中去除。

$$\varphi = \varphi_{\text{defo}} - \frac{B_{\perp,\text{topo}}}{B_{\perp,\text{defo}}} \cdot \phi_{\text{topo}} \tag{5.4}$$

## 5.3　缠绕差分干涉图的解译

由位移引起的干涉相位可以通过式 (5.5) 计算:

$$\phi_{\text{motion}} = \frac{4\pi}{\lambda} \Delta r \tag{5.5}$$

其中，$\Delta r$ 是沿雷达视线向 (line of sight, LOS) 的位移，且 $\phi_{\text{motion}}$ 为缠绕相位。一旦位移超过了雷达波长的一半，缠绕的 $\phi_{\text{motion}}$ 就会发生模糊。因此，必须对相位进行解缠以获取形变分量的精确估计。相位解缠将在下面的章节中讨论。然而，即使不做解缠，也可以对差分干涉图进行一定的解译以研究形变 —— 假如对精确的形变值不感兴趣，这通常就足够了。

图像中的条纹展示了地表位移。在高程估计中条纹更密集表示地形更陡峭，与之类似，在 D-InSAR 中条纹更密集表示发生的位移更快。在解译结果时应牢记: 高程估计的误差以及大气影响也会引起干涉条纹。这一点使解译变得困难。

## 5.4　解缠差分干涉图的形变测量

测量形变需解缠后的干涉相位。再次强调，与地形反演时的情况类似，差分干涉相位提供的也是相对的信息，即两个像元之间位移的差异。差分干涉相位的解缠与高程估计中的类似。从解缠相位的相位差中，可以计算出两像元之间的位

移差:

$$\phi = \frac{4\pi}{\lambda} v_{\mathrm{los}} \tag{5.6}$$

$$\phi_1 - \phi_2 = \frac{4\pi}{\lambda}(v_{\mathrm{los},1} - v_{\mathrm{los},2}) = \frac{4\pi}{\lambda}\Delta v_{\mathrm{los}} \tag{5.7}$$

## 5.5 示例: 巴姆地震同震形变干涉测量

2003 年 12 月 26 日, 伊朗小镇巴姆发生 6.7 级地震。我们选择获取于 2003 年 12 月 13 日的地震前数据作为主图像, 如图 5.2 所示。鉴于原始 ASAR 的图像像元不是正方的, 图 5.2 中的图像在方位向进行了 4 倍的多视。下面所展示的干涉图也进行了相应的多视。

图 5.2 2003 年 12 月 13 日获取的伊朗巴姆 ASAR 振幅图像

表 5.1　示例所用的 SAR 数据

| 卫星传感器 | 日期 (年-月-日) | 主辅图像 | 基线长度/m |
|---|---|---|---|
| ENVISAT ASAR IMS | 2003-06-11 | 辅 | −475 |
| ENVISAT ASAR IMS | 2003-12-13 | 主 | 0 |
| ENVISAT ASAR IMS | 2004-01-07 | 辅 | 520 |
| ENVISAT ASAR IMS | 2004-02-11 | 辅 | −1.7 |

　　干涉处理的第一步是配准, 示例中采用了第 3 章中介绍过的由粗到精的配准策略。重采样后还对质量进行了检查。

　　将重采样后两景 SAR 图像共轭相乘形成干涉图, 得到两图像间的相位差。之后, 将平地效应引起的相位分量移除, 得到的干涉图如图 5.3a 所示, 此时的干涉图仍以地形相位分量为主导, 因此还不能清楚识别地震引发的位移。

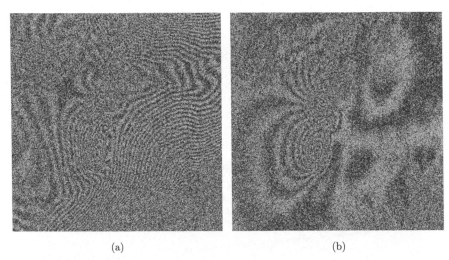

(a)　　　　　　　　　　　　　　　　(b)

图 5.3　2003 年 12 月 13 日和 2004 年 1 月 7 日之间的去除平地效应后的 ASAR 干涉图 (a) 和二轨法差分干涉图 (b)

### 5.5.1　二轨法 D-InSAR 示例

　　如本章之前所讨论的, 二轨法是获取差分干涉图的方法之一, 该方法中地形相位的移除是通过将已有 DEM 模拟为地形相位实现的, 本例中采用伊朗巴姆的 SRTM v4 DEM。移除模拟相位后的差分干涉图如图 5.3b 所示。

图 5.3b 中的地震位移已经变得可见。忽略图像中的噪声区域,可以直观地对位移进行解译,并可以计算沿等位移线垂直方向的缠绕相位周期,对位移定量表述。在很多情况下,这就已经足够进行形变分析了。

### 5.5.2  三轨法 D-InSAR 示例

三轨法 D-InSAR 需要两幅干涉图,第一幅包含了地形相位分量,不包含位移是理想情况,第二幅干涉图则应以位移引发的相位为主导。因此,正确选择时间和空间基线非常重要。对于三轨法 D-InSAR,利用 2003 年 12 月 13 日和 2003 年 6 月 11 日的图像来产生地形相位,这两景图像均为地震前的,且垂直基线相对较长,达到了 $-475$ m。之后采用 2003 年 12 月 13 日和 2004 年 1 月 7 日以及 2003 年 12 月 13 日和 2004 年 2 月 11 日的干涉图来获取地震位移所引起的相位。包含 2004 年 1 月 7 日这景图像的干涉图时间基线较短,有利于避免时间失相干,但垂直基线非常长,达到 520 m。2003 年 12 月 13 日和 2004 年 2 月 11 日之间的干涉图时间基线更长,但垂直基线很短。

图 5.4 中显示了这两个三轨法形变干涉图的结果,展示了垂直基线选择的重要性,因为可以在图 5.4a 中清楚地看到地震引发的位移,然而图 5.4b 中几乎都是噪声。由于形变干涉图的垂直基线过长,无法通过三轨法 D-InSAR 正确地移除地形相位分量,图 5.4b 中的结果没有什么意义。

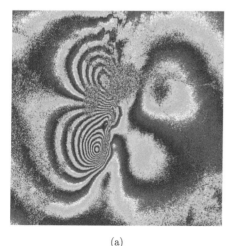

(a)                                    (b)

图 5.4  ASAR 三轨法 D-InSAR 干涉图的形变相位: (a) 2003 年 12 月 13 日和 2004 年 2 月 11 日; (b) 2003 年 12 月 13 日和 2004 年 1 月 7 日

# 5.6　小　　结

D-InSAR 是测量地表位移的有力工具。然而, D-InSAR 受到许多误差源的影响。差分相位中不只包含了形变信息, 也包含了高程误差、大气延迟相位的差异、轨道误差以及噪声。此外, 时间失相干使得 D-InSAR 无法用于植被覆盖密集的区域。总的来说, 这项技术在很多情况下无法使用, 大多数成功的应用是在植被覆盖程度有限的地区。以下章节将讨论改进的 D-InSAR 方法, 其应用范围更加广泛, 还可用于长期地表位移监测。

# 第 6 章

# 永久散射体干涉测量

　　永久散射体干涉测量 (permanent scatterer interferometry, PSI) 是指利用 SAR 图像时间序列来克服 D-InSAR 局限的各种方法。SAR 图像时间序列即覆盖同一区域且适合干涉测量的一系列 SAR 图像。因此, 这些图像需要在近似的轨道中获取, 传感器和成像参数也要近似, 从而可以进行干涉处理。SAR 处理的优势之一就是获取这样的图像时序相对容易, 因为 SAR 几乎可以独立于天气, 且 SAR 的成像几何也较为简单。与光学图像不同, 大气失真和镜头畸变不会对 SAR 图像产生严重影响。PSI 的目的是对缓慢的地表位移进行长时序的估计。

　　作为 D-InSAR 的延伸, 各种各样的 PSI 方法旨在克服 InSAR 处理中的时间失相干和大气影响。在 SAR 图像中, 大气对振幅和对相位的影响可以分开看待。对于振幅图像和成像几何来说, 只会在极端天气的条件下看到大气影响, 该影响源于路径延迟。但对于干涉测量来说, 因为我们需要测量毫米波或厘米波中的一部分, 因此即使是很小的延迟差异也会对干涉图产生直接的影响。几乎所有干涉图都会受到这样的影响。因此, 当我们说 SAR 图像可以在 (几乎) 所有天气条件下获取时, 并没有否认大气仍然影响了整个图像内和不同图像间的电磁信号。PSInSAR 是首个出现的 PSI 方法, 大约于 2000 年被提出 (Ferretti et al., 2000, 2001)。随之出现了其他 PSI 方法, 例如 STUN (Kampes, 2006)、SBAS (Crosetto et al., 2005) 以及 StaMPS (Hooper et al., 2004), 其中 StaMPS 可能是目前使用最广泛的 PSI 方法。由于这些方法都基于点状的稳定目标 (也称为永久散射体; permanent scatterer, PS) 来进行测量, 我们将这些方法都归于 PSI。其他技术, 如 SBAS (Berardino et al., 2002)、QPS (Perissin & Wang, 2011) 或

SqueeSAR (Ferretti et al., 2011) 等不完全依赖 PS, 但有时也将这些技术归于 PSI, 这些方法有时也称为 InSAR 时间序列分析, 或者用一些别的术语。PSI 是一类复杂的多处理过程的方法。下一节将特别关注标准的 PSInSAR 方法。

# 6.1　识别 PS

　　PSI 的核心是 PS。永久散射体也可称作持久散射体 (persistent scatterer), 为 SAR 图像中的点状目标, 可以在长时段内保持稳定。PS 定义为在一个分辨单元内只存在一个主导散射体。PS 通常由二面体或三面体结构所形成, 例如建筑边缘、阳台、路灯和电线杆等 (Perissin & Ferretti, 2007)。这种主导性的点状散射体更易于用作可靠的分析。假如一个分辨单元内的后向散射只由一个散射体所主导, 则该分辨单元就不会受斑点效应影响。这是因为斑点效应是多个散射体的后向散射相互干涉的结果, 所以不会影响只被单个散射体响应所主导的分辨单元。若没有斑点效应, 则可以认为来自这个分辨率单元的信号是确定性的, 而不是从斑点效应中接收到的概率信号。PS 的另一个优点是不存在时间失相干, 可在长时段内保持稳定。这种稳定性是因为 PS 通常由二面体、三面体结构或者杆状物构成。这些构造不会 (显著地) 随风移动, 也不会如植被一样生长。PS 长期保持稳定并持久提供确定性的信号。仅分析 PS 使得处理对象成为不受时间失相干影响的确定性信号, 这对长期地表位移的监测来说十分理想。

　　PSInSAR 方法的第一步是在数据中找到这样的 PS。首个 PSInSAR 方法中提出了基于振幅离差指数的 PS 点选取 (Ferretti et al., 2000, 2001)。我们关心的是 PS 的相位稳定性。如 Ferretti 等 (2001) 所展示的, 一个像元的相位离散程度可以通过其振幅离散程度进行估计, 至少对于那些具有高信噪比 (signal-to-noise ratio, SNR) 的像元是这样。这是一种实用且快速的估计相位稳定性的方法, 因为只需要 SAR 图像的振幅数据。像元振幅离差指数 $D_\mathrm{A}$ 的计算方法如下:

$$D_\mathrm{A} = \frac{\sigma_\mathrm{A}}{m_\mathrm{A}} \tag{6.1}$$

其中, $\overline{m}_\mathrm{A}$ 为经配准后, 某一像元在时间序列中所有 SAR 图像的振幅的平均值, $\sigma_\mathrm{A}$ 则为其标准差。基于此可以选出 PS 候选点 (PS candidate, PSC), 因为较低的振幅离差指数是对相位离散程度较低的估计, 从而指示出该像元包含了 PS。在目前阶段这还只是一个估计, 所以这些点称作 PSC。PSC 通过阈值选取, 通常取 $D_A < 0.25$, 该阈值也可根据所用的 SAR 数据和感兴趣区来改变。

基于振幅离差指数的 PSC 选取是标准方法, 在大多数情况下均可以快速获取高 SNR 的点。在城市区域, 由于强散射体经常存在, 采用振幅离差指数可以快速和足够准确地估计出大量适合的 PSC 用于进一步处理。

然而, 其他方法也是可行的。例如可以选择高信杂比 (signal-to-clutter ratio, SCR) 的像元 (Kampes, 2006), 得到的结果相当近似。有一种观点认为, 采用振幅离差指数的缺点是其只对具有高 SNR 的像元有效, 然而在非城市地区, 可能还存在具有低 SNR 的稳定点, 因为这些 PS 可能是由裸露的岩石形成的, 同样具有长时间的相位稳定性, 但信噪比不高, 因此可能不会被振幅离差指数法所选取。StaMPS 方法 (Hooper et al., 2004) 初选 PSC 时采用的阈值更大, 例如 $D_A < 0.4$。通过后续的一系列处理来估计这些 PSC 的相位稳定性。事实上, StaMPS 将大部分处理时间都用在了 PS 的识别中。更多关于 StaMPS 的内容将在第 7.3 节介绍。

PSC 的选取只是第一步, 这一步至关重要。之后的处理步骤会基于这些选出的 PSC。在整个图像中找到足够数量的 PSC 很重要, 因为要确保足够的覆盖范围和足够高的 PS 密度, 才能估计出大气影响。

现在处理对象变为了 PSC, 意味着将要离开 2D 图像处理的领域, 进入点云的世界。

## 6.2 预处理步骤

PSI 集成了一系列复杂的处理步骤。在开始之前要先做一些干涉步骤。首先是收集一系列 SAR 图像, 并配准到单一主图像中, 此外在标准 PSI 方法中, 所有干涉图也是以该图像为主图像形成的; 在这一点上并不是所有 PSI 方法都这样。配准完成后, 下一步通常是通过振幅离差指数选取 PSC。同样也可以先对所有图像进行干涉处理, 然后再选择 PSC。

理想情况下, 选择主图像时要尽量减少垂直基线和时间基线。此外, 还可以对天气信息加以考虑, 避免选择获取于强降雨时期的图像作为主图像, 否则由于大气湍流影响, 整个图像序列中都将存在较大的大气相位屏 (atmospheric phase screen, APS) 差异。单一主图像配置中所有图像都要与主图像发生关联, 因此若主图像受到影响, 则所有干涉图都会受到影响。

配准后根据振幅离差指数对 PSC 进行选取, 以节省处理时间。后续步骤可以只针对 PSC 进行, 而 PSC 只是整个图像中的一小部分像元。

对所有 PSC, 计算出其通过 DEM 移除地形相位后的干涉相位信息。随着 SRTM DEM 和 TanDEM DEM 的全球可用性日益增强, 有几种 DEM 来源都可供选择。此外, 也可通过干涉处理来创建 DEM。

后续处理中将会有一个步骤是对每个 PSC 估计出其残余地形误差 (DEM 误差), 因此这一步里并不需要很完美的 DEM 来移除地形相位, 但通过选择可用的最佳 DEM 使残余地形最小化仍然是较好的选择。

## 6.3    PS 网络生成

从这些 PSC 中选取一个子集来组成网络, 该网络随后将用于 APS 的估计。为了使生成的网络能覆盖到整个图像, 首先选取出那些最稳定的点, 通常是选择那些振幅离差指数最低的点, 再移除彼此过于接近的点, 因此覆盖图像的剩余点之间有一个最小距离的限制。该处理也可以通过将图像细分为网格单元, 并在每个网格单元中选择最好的点来实现。最终生成能覆盖整个图像的稀疏网络, 且由那些最稳定的点组成 (图 6.1a)。然而实际情况下往往无法覆盖整个图像, 可能会存在没有稳定点或稳定点不足的区域, 会导致 APS 在这些区域中估计困难, 从而给位移速率的估计带来误差。

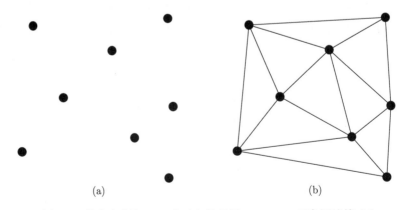

(a)                         (b)

图 6.1    稀疏地选取 PSC 点 (a) 并采用 Delaunay 三角网连接 (b)

随后在这些点之间生成一个网络, 通常为 Delaunay 三角网 (图 6.1b)。包括多层连接在内的其他连接方式也是可以的, 可能效果会更好。该网络将用于对 APS 进行估计。为此, 网络需要有一个最大连接距离限制, 通常为 2 km (Ferretti et al., 2001) 或者更小, 后续章节中会对此进一步说明。

然而, 并不是总能成功形成具有严格的最大边长限制的网络。如图 6.2 所示, 武汉被长江分开, 很难形成覆盖全市的网络, 因为市区中长江的宽度大都在 1 km 到 2 km。可以看到, 能够跨越河流的连接很少, 且时间相干性很低, 这可能导致

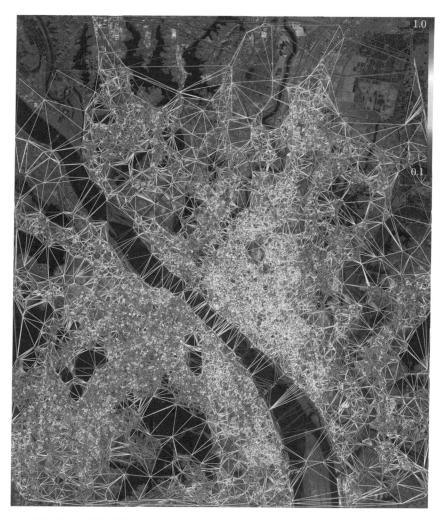

图 6.2　武汉市 PS 网络示例。基于 COSMO-SkyMed 图像进行处理。连接的颜色代表时间相干性。底图为 282 幅 COSMO-SkyMed 图像的平均振幅图像 (©ASI - 意大利航天局 - 2011—2019, 所有权利保留)

后续的网络估计和 APS 的估计出现问题。公园、森林、山区、湖泊等都可能导致类似的问题, 但大型河流的情况可能特别复杂, 因为整个网络可能会被分成两个或者更多不相连的子网络。

# 6.4　大气相位屏估计

InSAR 本质上是一种相对测量, 并不提供绝对的结果, 因为绝对的相位值始终是未知的, 相对相位 —— 即两点之间的相位差 —— 则可以获取。此外, 相位在 $-\pi$ 与 $\pi$ 之间的缠绕使测量变得更加复杂。在大气估计中, 下一步是获取网络中每条边上的相位差。网络中的每个点都含有一个复数向量, 对应于每幅干涉图 (平地效应和 DEM 的相位贡献已经去除), 相位差由两向量中的对应元素复共轭相乘得到。现在, 每条边都隐含着一个方向, 该方向由构成边的两点相减的顺序给出, 并有一个相位差向量附在上面。基于这些向量, PSI 中的各个待获取参数可沿着每条边分别估计出来。向量中的每个差分相位值 $\varphi$ 中包含的信息有

$$\varphi = W\{\phi_{\text{topo}} + \phi_{\text{motion}} + \phi_{\text{atmo}} + \phi_{\text{orbit}} + \phi_{\text{noise}}\} \tag{6.2}$$

其中, $\varphi$ 为缠绕相位, $W\{\}$ 为缠绕算子。$\phi_{\text{topo}}$、$\phi_{\text{motion}}$ 等表示地形、位移等贡献。PSI 处理的基本思想是要将这些项分离出来, 因为这些项在空间和时间上表现的特征各不相同。$\phi_{\text{noise}}$ 通常建模为随机白噪声, 因此很难估计和去除。热噪声的影响在这里是很小的, 特别是在关注高信噪比目标的 PSI 方法中, 因此后续将忽略热噪声。由轨道估计不精确引起的误差 $\phi_{\text{orbit}}$ 通常表现为可见的相位斜坡, 相对容易确定和消除。然而, 由于其时空特性与 $\phi_{\text{atmo}}$ 类似, 轨道误差也经常与大气一起进行估计。因此现阶段也忽略轨道误差, 或者考虑将它包括在 $\phi_{\text{atmo}}$ 中, 因此:

$$\varphi = W\{\phi_{\text{topo}} + \phi_{\text{motion}} + \phi_{\text{atmo}}\} \tag{6.3}$$

现在可以对 $\phi_{\text{topo}}$ 和 $\phi_{\text{motion}}$ 进行估计, 例如通过最小二乘估计。相位残余 $\phi_{\text{res}}$ 通过式 (6.4) 给出

$$\phi_{\text{res}} = \phi - \phi_{\text{topo}} - \phi_{\text{motion}} \tag{6.4}$$

$\phi_{\text{atmo}}$ 是基于 $\phi_{\text{res}}$ 进行估计的。为了实现这个过程，$\phi_{\text{res}}$ 需要小于 $2\pi$，因为此时相位依旧是缠绕的。实际上，$\phi_{\text{res}}$ 需要比 $2\pi$ 小得多。这也是要对网络的最大边长做出限制的原因，假设 $\phi_{\text{res}}$ 主要受大气的影响，并且大气相位延迟在图像上变化缓慢，则该假设可以在边长较短时成立。按照经验，最大边长限制为 2 km，然而我们仍希望边长更短，尤其是在天气多变的情况下。

### 6.4.1　地形误差和形变速率估计

第 3 章中已经给出

$$\Delta h = \frac{\lambda \Delta \phi_{\text{topo}}}{4\pi} \frac{r \cdot \sin\theta}{B_\perp} \tag{6.5}$$

形变相位 $\phi_{\text{motion}}$ 与形变间的关系则如第 5 章中所述：

$$\phi_{\text{motion}} = \frac{4\pi}{\lambda} \Delta r \tag{6.6}$$

为了获取位移的最小二乘解，需要定义出 $\Delta r$ 遵循的模型。可以简单地假设位移是线性的，即

$$\Delta r = \Delta v_{\text{linear}} \cdot \Delta t \tag{6.7}$$

其中，$\Delta v_{\text{linear}}$ 为待求的线性位移速率，$\Delta t$ 为干涉图主、辅图像间的时间间隔，因此有

$$\Delta v_{\text{linear}} = \frac{\phi_{\text{motion}} \cdot \lambda}{4\pi \cdot \Delta t} \tag{6.8}$$

还有地形相位 $\phi_{\text{topo}}$ 的向量，$r$ 和 $\sin\theta$ 均为已知，$B_\perp$ 也是已知向量，理论上可以估计出未知高程 $\Delta h$，因为这似乎是一个超定系统。唯一的问题是，事实上这不是一个超定系统，而是一个欠定系统。

问题依旧在于相位缠绕。需要考虑未知数 $a_1$ 至 $a_n$ 的向量来表示高程相位分量的缠绕，以及对应于形变相位分量缠绕的 $b_1$ 至 $b_n$，其中 $a$ 和 $b$ 都是整数，因此

$$
\begin{bmatrix} \phi_1 \\ \vdots \\ \phi_n \end{bmatrix} = \begin{bmatrix} a_1 \cdot 2\pi + \phi_{\text{topo},1} + b_1 \cdot 2\pi + \phi_{\text{motion},1} + \phi_{\text{res},1} \\ \vdots \\ a_n \cdot 2\pi + \phi_{\text{topo},n} + b_n \cdot 2\pi + \phi_{\text{motion},n} + \phi_{\text{res},n} \end{bmatrix} \tag{6.9}
$$

其中, $\phi_{\text{topo},1}$ 是第一景干涉图的缠绕高程误差相位; $\phi_{\text{motion},n}$ 为第 $n$ 幅干涉图的形变相位分量; $\phi_n$ 为第 $n$ 幅干涉图的缠绕相位; $n$ 为干涉图的数量。由于相位缠绕, 该系统是欠定的——$a_1$ 至 $a_n$ 以及 $b_1$ 至 $b_n$ 都是未知的。

该求解过程也可称为时空解缠, 因为解这些方程可以看作是沿着空间 (沿网络边) 和时间 (例如从 $a_1$ 至 $a_n$) 的相位解缠。用于解决这个问题的策略是不同 PSI 方法之间的一个区分因素。

传统 PSInSAR 使用的方法是将 $\phi_{\text{res}}$ 最小化以估计出与观测值 $\phi$ 拟合最好的 $\Delta h$ 和 $\Delta v_{\text{linear}}$。PSInSAR 采用在两个维度 (空间基线和时间) 中不规则采样的周期图法来最大化时间相干性的绝对值 $|\hat{\gamma}|$。关于时间相干性的更多信息读者可以参考后面的章节, 目前可以将最大化时间相干性理解为类似于最小化相位残余。

$$
\underset{\Delta h, v_{\text{linear}}}{\arg\max} \left\{ |\hat{\gamma}| = \left| \frac{1}{N} \sum_{n=1}^{N} e^{j\phi} \cdot e^{-j(\phi_{\text{topo}} + \phi_{\text{motion}})} \right| \right\} \tag{6.10}
$$

采用二维周期图法可以估计出 $\Delta h$ 和 $\Delta v_{\text{linear}}$ 的最佳拟合值, 但这并不是唯一的解法。还有一种方法是用最小二乘法求出残差最小的解, 关键在于知道 $a$ 和 $b$ 都是整数, 因此可以使用整数最小二乘法求解, 参考 Kampes (2006) 中采用的 LAMBDA 方法。

此外, 还可以采用更复杂的模型来建模 $\Delta r$, 此时考虑到随着待估计变量的数量的增加, 干涉图的数量也应该相应增加, 以便得到有效的解。

采用诸如整数最小二乘之类的合适方法求解后, 网络中每条边上的 $\Delta h$ 和 $\Delta v_{\text{linear}}$ 都能估计出来。此外, 基于估计出的 $\Delta h$ 和 $\Delta v_{\text{linear}}$, 可以计算出每景干涉图中的 $\phi_{\text{topo}}$ 和 $\phi_{\text{motion}}$, 并从干涉相位 $\phi$ 中移除, 得到每条网络边的相位残余向量 $\phi_{\text{res},1}$ 至 $\phi_{\text{res},n}$。

### 6.4.2    网络解缠

现在, 我们已经对高程和速率进行了估计, 也得到了每条边上的相位残余向量。图 6.3 中以高程的获取为例展示了网络估计。首先要定义一个参考点, 以使每个边上的值可以沿着网络传递为每个 PS 点的值。参考点的高程和速率都设为 0。此后所有的测量都是相对于该参考点的。也可以给出已知的高程或形变值, 例如地面测量值, 来作为参考点的起始值。从参考点开始, 沿着网络边为点赋值, 如图 6.4 所示, 其中灰色点为选定的参考点。

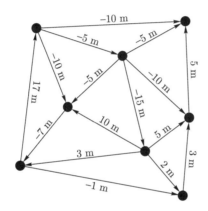

图 6.3    沿网络边进行高程估计示例

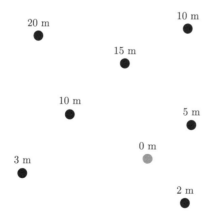

图 6.4    获取网络中 PS 点上的高程

对于网络上的每一个点, 其高程和速率的值都已得到。此外, 还得到了相位残余, 该相位残余将沿着网络解缠。整个过程可以认为是沿网络边进行了解缠——不仅解缠了相位残余, 也解缠了高程和形变速率。在标准的 PSI 方法中, 网络点上经解缠后的相位残余被用来估计图像中的 APS。

还需要对网络边中的估计误差进行讨论。示例中的高程可以完美地解缠出来, 且所有的边都相互符合。然而实际情况中会存在误差, 无论是由于相位解缠误差, 还是由于使用了不稳定的点作为网络点, 以及噪声等错误都有可能发生。如果网络上有两条路径对某一点有不同的结果, 应该选择哪一条? 这个问题不容易回答, 因为存在许多不同的解决方案。有人提出了选择最可能路径的解决方案, 例如选择具有最小残差的路径、最短路径、最短加权路径等。确定网络中的点值后, 还可以对每个三角形进行内符合性检查, 即沿着三角形检测残差。可以通过考虑相邻三角形的信息来修复这些问题。这里也可以采用多层连接的方法, 在多个尺度层上构建出三角形, 有助于解决这种不一致问题。

然而传统的 PSI 方法对这些不一致并不是很敏感, 因为只使用了网络的残差相位, 随后在空间或时间上又对其进行强滤波, 从而减小了网络中的误差和不一致性。其他 PSI 解决方案不对 APS 进行估计, 但构成的网络更加密集, 且对初始误差更加敏感, 因此需要更好的策略来避免或修复网络中的此类问题, 可参考第 7.1 节的 STUN 和第 7.2 节的 PSP 技术。

### 6.4.3　APS 估计

现在, 网络中的每个点在每景干涉图上都有了解缠后的残余相位值。假设相位残余中不仅包含了大气相位延迟的信息, 而且包含了不精确的高程误差引起的残余, 以及位移与线性速率假设的偏差等信息。这些因素导致了形变相位、轨道误差和噪声的残差, 需要额外的滤波步骤分离出 APS 的相位分量。

一般假设大气相位延迟在空间上相关, 而在时间上无关。因此, 从一个像元到其相邻像元的大气相位延迟变化很小, 即大气相位延迟的变化是逐渐且缓慢的。同时, 可以认为相位延迟在时间上完全不相关。这一点需要在星载 SAR 传感器的背景下进行理解, 因为图像的获取有着几天的间隔, 所以应假设在此期间天气变化显著。如果 SAR 数据获取在几小时之内, 则可以认为大气在时间上也相关。

基于上述假设, 可以对相位残余进行滤波: 在空间域可以采用一个大的低通滤波器, 在时间域上则采用高通滤波器。也就是说, 采用空间上的均值滤波 (或其他低通滤波器) 处理每个点, 滤波器的尺寸通常会很大; 在时间域则利用边缘滤波器找到对应于某时刻大气延迟的那部分相位残余, 并去除可能来自该点的地形估计误差或线性速率误差等确定性的相位分量。

经过该处理之后, 就得到了每个像元在每景干涉图中经滤波且解缠后的大气相位分量的估计。

## 6.5   估计所有 PS 的位移速率和残余高程

移除大气延迟产生的相位贡献之后, 剩余的相位分量如下:

$$\phi = \phi_{\text{topo}} + \phi_{\text{motion}} + \phi_{\text{noise}} \tag{6.11}$$

可以假设 $\phi_{\text{orbit}}$ 也已被移除了, 因为与轨道误差相关的相位特性与大气延迟是相似的 —— 在空间上相关且在时间上不相关。另外, 轨道误差表现出明显的线性相位斜坡, 可以相对容易地估计和分离。进行这种估计和分离有时是必要的, 因为某些传感器的轨道误差可能在时间上也相关, 导致无法与大气一同分离。忽略 $\phi_{\text{noise}}$, 现在可以估计出剩余的来自 $\phi_{\text{topo}}$ 和 $\phi_{\text{motion}}$ 相位贡献, 采用的方法与上述沿网络边的估计方法类似, 区别是不再沿边对值进行估计。经过对大气贡献的去除, 在估算残余高程和速率的差异时, 不会再受距离的限制。所有 PS 都是相对于之前的参考点进行分析的。参考点的相位会从所有 PS 的相位 (在去除估计的 $\phi_{\text{atmo}}$ 之后) 中减去, 如此使得估计出的剩余高程和位移参数都是相对于这个参考点的。现在, 与 APS 估计中沿网络边的估计相似, 对每个 PS 点的剩余高程和速率参数进行估计。可以将其称为在时间上的解缠, 而不是第 3.2 节所述的空间上的解缠。

最终, 估计出了残余高程和形变模型的参数, 并且为每个点都赋上了残余高程值、形变值以及一个残差向量。这些残余相位可以用于估计时间相干性 (见第 6.7 节)。此外, 假设该残余相位是由偏离线性速率的位移分量引起的, 则可以计算并显示这些偏差, 从而提供更精确的形变展示。然而, 这些结果仍然基于线性速率模型, 计算出的偏差位移分量仍然围绕着这个基本的且可能是错误的假设。

# 6.6  采用其他形变模型

标准的 PSInSAR 方法中也可以考虑其他高程和速率的解算方法。PS 点间的高程, 或者更准确地说是残余高程差异有着清晰的定义。然而, 位移却可以由不同的原因引起, 也具有不同的模式特征。基本的线性形变假设往往不是一个好模型; 可以采用任何能想到的模型对此进行替代和扩展, 这些模型通过模型的变量与 $\phi_{\text{motion}}$ 之间的关系来描述。

线性模型可以轻松替代为分段线性模型, 从而对不同时期的位移进行估计。还可以结合非线性模型。热膨胀就是一个典型的非线性位移的例子: 物体的形状、面积和体积随温度的变化而变化, 热膨胀的大小取决于温差和材料的性能。该膨胀可通过热膨胀系数 $\alpha_L$ 表示, 其中 $L$ 为线性膨胀。大多数情况下, 热膨胀模型可以表示为

$$\frac{\Delta L}{L} = \alpha_L \cdot \Delta T \tag{6.12}$$

其中, $L$ 为物体的长度; $\Delta T$ 为温差, 单位为 K。针对高层建筑热膨胀, 根据剩余高程的差值可以估算出 $L$ 的差值。更广义上讲热膨胀也包含了桥梁等的水平膨胀, $\alpha_L$ 和 $L$ 可以一并在 PSI 中进行估计, 特别是当我们实际上对 $\alpha_L$ 不感兴趣, 而只关心整体的与温度有关的位移时。则有以下公式:

$$\Delta L_{\text{los}} = \alpha_{\text{los}} \cdot \Delta T \tag{6.13}$$

其中, $\Delta L_{\text{los}}$ 表示 LOS 向位移, $\alpha_{\text{los}}$ 为 PS 在 LOS 向的热膨胀系数。

$$\phi_{\text{thermal}} = \frac{4\pi}{\lambda} \alpha_{\text{los}} \cdot \Delta T \tag{6.14}$$

整体位移为

$$\phi_{\text{motion}} = \phi_{\text{linear}} + \phi_{\text{thermal}} \tag{6.15}$$

只要 $\Delta T$ 已知, 就可以一并估计出 $\Delta v_{\text{linear}}$ 和 $\alpha_{\text{los}}$。$\Delta T$ 可以从公开的天气信息中推导。相似地, 也可以估计出其他的线性或非线性位移分量 (通过更复杂的模型)。然而, 随着待估计的变量的增加, 方程的数量也要对应增加, 这就意味着需要更多的图像来保证可靠的估计。

# 6.7 时间相干性

时间相干性, 或称为整体相干性, 是对相位模型与实际观测值间拟合程度的度量。因此, 时间相干性高表示模型与观测数据之间拟合良好。如果估计参数后的相位残余很少, 则会有较高的时间相干性, 反之亦然。时间相干性的计算方法如下:

$$\hat{\gamma} = \frac{1}{K} \sum_{k=1}^{K} \exp(je^k) \tag{6.16}$$

其中, $j$ 为虚数单位, $e^k$ 为模型相位和观测相位在第 $k$ 景干涉图中的差异。与 Kampes (2006) 中一样, $\hat{\gamma}$ 的上标表示这是一个相干性的估计量。

时间相干性可作为滤波的一种依据, 在后续处理中减少噪声点的数量。时间相干性是很有用的特征。目前在某种程度上, 所有的点都只被认为是 PS 候选点, 最后只有具有高时间相干性的点可以 "晋升" 为 PS 点。这种思路很有意义, 因为 PSC 只是根据振幅离散程度进行选取的, 而振幅的离散程度只能作为对相位离散程度的估计。高时间相干性才可以清晰指示出某 PSC 是一个真正的 PS。然而, 时间相干性较低未必一定代表相反。一个 PS 点, 可能会因为其形变模式不符合所假设的模型而导致其时间相干性很低, 即使其所有观测相位都是稳定的, 例如突然引发的塌陷坑或滑坡。这些现象的形变模式可能在长时期内都是线性的; 一旦激活之后位移速率会突然增加, 此时通常是非线性的, 还可能与降雨等因素有关。在真实世界中, 这种速率的突然增加是危险的信号, 应引发预警。而在标准 PSI 方法中, 线性形变模型的偏差会引起时间相干性的降低, 最终这些点可能会被过滤掉。

整个过程中, 时间相干性被用来确定 "最好的" 或 "最有可能的" 解决方案。同时, 时间相干性在后处理中非常重要, 通常用于滤出那些最好的点。这显然是一种有效的策略, 因为时间相干性低的点通常不是稳定的, 意味着这些点不是永久散射体。然而, 应时刻牢记, 时间相干性较低只是表示估计的模型或模型参数与观测值不够拟合。因此一种情况是点本身不稳定, 另一种情况则是如线性速率这样的基本的模型假设不符合实际。

# 6.8 示  例

下面通过示例来进一步展示 PSI 处理, 研究区为拉斯维加斯。19 景降轨 TerraSAR-X 高分辨率聚束图像组成了处理所用的数据集。STUN 和 StaMPS 方法将在第 7.1 节和第 7.3 节中采用相同的图像展示, 以保证可对比性。这些示例的目的并不是展示能得出的最好结果, 相反, 我们要指出不同处理技术的问题, 展示它们的缺点。不同方法和软件得到的处理结果看起来会有所不同。

收集用于 PSI 处理的 SAR 图像序列后, 下一步是选择一景用于配准的主图像, 该图像同时也是 PS 处理中所有干涉图的主图像。在本例中选取获取于 2010 年 9 月 8 日的图像作为主图像 (图 6.5), 以保证较小的时空基线。该图像处于时空基线的中心位置, 形成了星形的时空基线分布, 如图 6.6 所示。

之后将所有辅图像重采样至主图像的坐标系统。本例中采用标准的由粗到精的配准策略。然而, 本次实验中需要仔细检查辅图像的配准和重采样结果, 因为我们发现 19 景图像中有两景在第一次尝试配准时没有成功, 可能是由于拉斯维加斯会议中心、各种酒店和停车场停靠车辆变化引起的图像纹理变化。估计重采样参数时选择了 1200 个图像块, 可能由于车辆的变化已经影响了足够比例的图像块, 导致这两幅图像不能正确地重采样。

图 6.5  拉斯维加斯 TerraSAR-X 聚束模式高分辨率振幅图像, 获取于 2010 年 9 月 8 日 (©DLR, 2010)

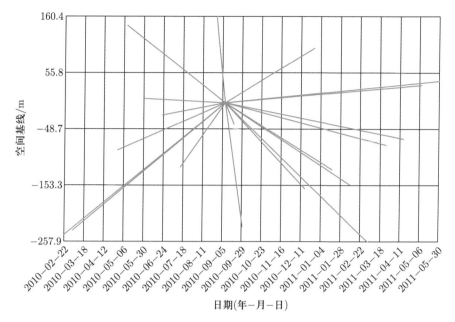

图 6.6 示例所用拉斯维加斯 TerraSAR-X 聚束模式高分辨率数据的时空基线分布

重采样可能存在误差, 因此需要仔细检查结果。这些早期步骤中的误差会在之后的形变速率估计中导致严重的问题, 而这些问题却很难在后续的步骤中检测到。通过选取更多的图像块, 本例中为 2800 个, 可以正确地重采样出之前错误的图像块。

重采样之后选出了 PS 候选点, 选取标准为振幅离差指数小于 0.25, 本例中选出了 2 990 534 个点。对于这些点, 计算出了移除 DEM 后的干涉相位。本例中采用的 DEM 为 SRTM v4。

我们只选出一部分 PSC 来进行大气相位屏的估计。选取方法是在保证好的空间分布的基础上选择最佳的点。本例中将图像分成了 50 m × 50 m 大小的单元, 并在每个单元中选择了具有最低振幅离差指数的点。之后采用 Delaunay 三角网连接这些点, 并丢弃长度超过 500 m 的边, 剩余 19 381 条边用于后续处理 (图 6.7)。

计算出每条边上相对的形变速率和高程误差, 并存入时间相干性以及相位残差矢量。下一步要确定一个参考点。参考点需要是稳定的, 且尽可能靠近图像的中心。参考点的线性形变速率与残余高程为 0, 从该参考点出发, 跟踪至用于估算 APS 的每个网络节点, 沿边对速度和高程求和, 并解缠相位残余。该过程可以

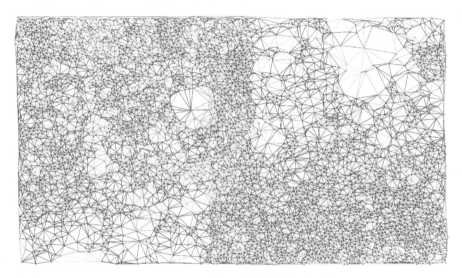

图 6.7    PSC 连接以及估计的时间相干性

理解为沿这些边所做的相位解缠。最终得到了 PSC 子集中每个点的高程误差、线性速率以及解缠后的相位残余。

现在要基于相位残余构成的向量估计出 APS。假设每个点的相位残差都由大气影响所主导,并基于 APS 在空间上相关而在时间上不相关的假设,对残差进行强滤波。在空间上采用的是低通滤波器,时间上则采用高通滤波器。采用的低通滤波器尺寸为 1 km。

该步骤得到了每景干涉图中 APS 的估计,单元大小为 50 m × 50 m。图 6.8 中展示了 APS 的两个例子。由于高分辨率聚束模式图像的整体尺寸一般限制在 10 km × 5 km,所以 APS 的影响较小。

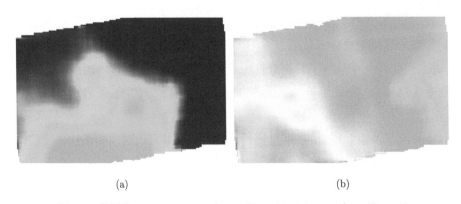

(a)                                      (b)

图 6.8    估计的 APS: (a) 2010 年 12 月 16 日; (b) 2011 年 1 月 18 日

　　随后从每个 PSC 中移除估计的 APS。此时认为大气影响已经消除, 不再需要基于空间近似来进行估计。在最后一步中, 直接估计出所有点相对于参考点的位移速率和高程误差: 将每个 PSC 与参考点连接, 估计出其相对于参考点的各个待求参数。由于移除了大气影响, 即使点距离参考点较远也可以这样做。该步骤的结果如图 6.9 和图 6.10 所示, 共有 2 271 934 个最终估计的时间相干性大于 0.8 的 PS。

图 6.9　估计的 PS 位移速率

图 6.10　估计的 PS 残余高程

　　图 6.9 中的形变速率结果显示沉降中心在拉斯维加斯会议中心附近。在一些高层建筑上也估计出了一些位移, 然而这是建筑温度膨胀所引起的, 本例中没有对热膨胀位移进行估计, 错误地解译为线性速率。最后, 可以在图像的左边缘看到估计出的抬升位移, 然而这些是错误估计。可以假设这是由 APS 的错误估计引起的。这些误差在网络中就已经存在了, 详见后面第 7.1 节演示的关于 STUN 方法的示例。

　　图 6.10 中展示的高程误差的估计结果相对较好。大多数点都估计正确, 可以看到高层建筑上的一些高程被正确地估计出来了。

　　图 6.11 中展示了不移除大气影响时的位移速率估计结果。本例中, 只进行操作的最后一步, 即估计每个点与参考点之间相对的高程和速率, 但并没有对估计的 APS 相位分量进行移除。尽管本例中研究区范围较小且为沙漠地区, APS 差异有限, 图 6.11 的速率估计结果仍然无法使用。图 6.11 中未经 APS 校正的结果与图 6.10 中的正常形变速率估计结果有着可见的差异。此外, 图 6.11 中没有设置时间相干性阈值, 因为大多数点的时间相干性都远远小于 0.8。

图 6.11　未经 APS 估计和校正的 PS 位移速率估计

# 第 7 章

# 其他 PSI 方法

很显然, Ferretti 等 (2001) 提出的 PSInSAR 方法适合揭示城市地区的线性位移。该方法在 PS 密度稀疏或者位移为非线性的区域效果并不好。PSI 的基本思想是分离不同的相位贡献, 这些相位贡献可以从大量的 SAR 图像中进行建模和估计。随着技术发展, 各种其他的方法也被开发出来, 有时也可以提供更好的结果。没有一种方法在所有情况下都是最好的, 所以应根据区域、预期的形变模式和可用的数据来选择处理方法。

## 7.1 时空解缠网络

时空解缠网络 (spatio-temporal unwrapping network, STUN) 由 Kampes (2006) 开发, 该方法在许多方面与 PSInSAR 相似。

### 7.1.1 STUN 观测点选取

STUN 对像元的平均 SCR 采用阈值来选择观测点 (Kampes, 2006)。根据 Adam 等 (2004), SCR 与相位误差之间的关系为

$$\sigma_\phi = \frac{1}{\sqrt{2 \cdot \text{SCR}}} \tag{7.1}$$

若设 SCR 的阈值为 2, 则对应相位标准差为 $\sigma_\phi = 0.5$ rad (大约 30 °)。鉴于某分辨单元内目标的 SCR 是未知的, 一般通过计算邻域的平均像元值来获取 SCR, 并假设所处理像元的背景相似 (图 7.1)。

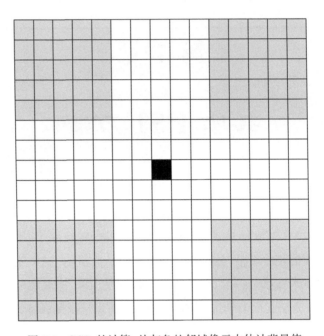

图 7.1    SCR 的计算: 从灰色的邻域像元中估计背景值

该方法在背景均匀的区域效果较好, 但难以在诸如城市地区应用。若区域为人口稠密的城市, 则可能会有一些并不代表分辨单元内背景的像元被当作背景计算, 导致低估点散射体本身的 SCR。因此在城市地区要将阈值设得低一些。

基于 SCR 方法的优势在于不需要对振幅数据进行定标, 且不需要对像元的振幅时序特征进行假设 (Kampes, 2006)。而常用的振幅离差指数不需要邻近像元的信息, 但需要至少 20 景图像, 以保证对振幅离差指数 ($D_A$) 的可靠估计 (Adam et al., 2004)。

对于高 SCR 的像元, 采用振幅离差指数和 SCR 方法估计出的相位的方差是等同的。然而相对于基于振幅离差指数的方法, SCR 方法的偏差更小 (Adam et al., 2004)。

### 7.1.2　稀疏网络创建

与 PSInSAR 类似, 网络需要一个参考点。设该点的地形误差和形变速率为零。因此, 这些值也是沿着网络相对估计的, 从而沿着网络边将相对高程和相对速率解缠为每个点相对于参考点的绝对值。

### 7.1.3　基于 LAMBDA 求解方程

STUN 和 PSInSAR 之间的一个很大不同之处在于它们求解方程并获取相对高程、形变速率和相位残余的方法不同。传统方法是直接在解空间中进行搜索的, 即采用周期图法最大化时间相干性。STUN 采用的是最小二乘模糊度去相关平差 (least-squares ambiguity decorrelation adjustment, LAMBDA) 方法。LAMBDA 是用于快速估计 GPS 双差分整周模糊度的方法 (Teunissen, 1995)。如在介绍 PSInSAR 的章节中所述, 我们知道解缠相位需要加上 $2\pi$ 的整数倍, 因此可以采用整数最小二乘法。GPS 和 PSI 中对求解整数模糊度的要求比较类似, 因此 LAMBDA 是一种直接的方法。在 PSI 中, 方程总是欠定的, 因为每个观测值的相位整周数都是未知量。

### 7.1.4　网络加密

在 PSInSAR 中, 经残余地形和形变速率估计后的相位残余被用于估计 APS, 之后将其移除。STUN 中并没有估计 APS, 而是利用稀疏网络点的估计值对网络进行加密。

建立网络的基本思想是沿短边的大气影响是很小的, 因此可以在估计高程和速率的同时保证 APS 与噪声的影响远远小于 $2\pi$。STUN 网络中对于靠近节点的点也是如此。沿边解缠之后, 通过计算观测点与网络中最近节点的高程和速率差, 可以对观测点加密。该方法不需要移除 APS。这一点与 PSInSAR 方法不同, PSInSAR 中先对 APS 进行估计和移除, 再计算从参考点到每个网络点的相位和速率差异。

因此, STUN 的优势在于完全跳过了对 APS 的估计, 仅依赖沿网络边的相位解缠。只要沿边的估计是正确的, 这种方法就能取得较好的效果。在 PSInSAR

中, 沿边估计的误差至少在一定程度上可以由用于估计 APS 的时空滤波缓解。然而, 这种大尺寸的滤波器也可能引起大气相位解缠中的误差。

### 7.1.5  示例

采用与介绍 PSInSAR 的章节中相同的数据集进行对比, 数据已进行了预处理。如上例所示, 基于振幅离差指数最初选取了 2 990 534 个点, 并从中选取一部分子集, 共形成 19 381 条连接边。

本例并没有完全按照 STUN 方法进行处理, 示例中 PSC 的选取采用的是振幅离差指数, 而不是基于 SCR 的方法, 这么做是为了最大化两种方法间的可对比性。

沿边估计出值后, 从参考点开始至每个网络节点, 对网络边的相位信息进行解缠。在标准的 PSInSAR 处理方法中, 节点上的相位残余随后被用于 APS 的估计, 其余信息则不再使用。

然而 STUN 中并不对 APS 进行估计。在初始网络中估计出所有节点的线性速率和高程误差后, 要估计所有 2 990 534 个点的值, 方法是对每个点去连接距离它最近的网络节点, 即估计出最邻近节点和当前点之间解缠后的相位差异。

由于每个连接都足够短, 不会受到 APS 的显著影响, 因此没有必要对 APS 进行准确的估计。最终, 找到了时间相干性大于 0.8 的 2 856 397 个 PS 点, 如图 7.2 和图 7.3 所示。PS 的数量略高于 PSInSAR 方法, 但估计的时间相干性仅与最近的节点有关。

从图 7.2 和图 7.3 中可以看出, 形变速率的结果大体上是好的, 同时高程误差的结果也很好。但与 PSInSAR 结果相比, 该结果的误差更大。图 7.2 中左侧的离群值与图 6.9 中 PSInSAR 的结果相比更加严重。沿着网络边的估计中存在着误差, 这种误差在 PSInSAR 中通过 APS 滤波在一定程度上得到了缓解, 而仍存在于 STUN 的结果中。

因此, 对 STUN 或与之类似的方法 (例如接下来要介绍的 PSP) 来说, 采用更好的网络估计方法 (例如多层连接) 非常重要。

图 7.2　基于 STUN 方法估计的形变速率

图 7.3　基于 STUN 方法估计的残余高程

## 7.2　PSP 技术

PSP (persistent scatterer pair) 干涉技术是最近的一种与 STUN 有关的 PSI 技术 (Costantini et al., 2014)。与 STUN 类似, PSP 也围绕 PS 构建网络。在 PSInSAR 方法中, PS 网络只是用来获取 APS 的, APS 随后将被移除, 从而对每

个 PS 估计出它们相对于选定参考点的地形残差和位移。PSP 完全依赖于网络, 不需要对 APS 进行明确估计。

与 STUN 不同的一点是, PSP 从一开始就将所有的 PS 点包括在了网络中。这种特殊的差异可能与信息技术处理能力的提高有关, 从而可以在网络中包含更多的点。两种方法提出间隔有十年左右, 在此期间信息技术也一直在发展。还有一点与 STUN 不同的是, PSP 采用的是周期图法解算弧段, 更接近于传统的 PSInSAR 方法。

由于对每个弧段的长度有所限制, 大气影响以及其他如轨道误差这样的误差源影响很小, 不会显著影响到弧段的估计。各个参数值沿弧段的传播可以理解为沿网络进行的相位解缠。

然而, PSP 中需要特别注意避免沿网络传播的误差, 因为最终结果可能会受到直接影响。在传统 PSInSAR 方法中, 沿网络传播的误差至少可以在一定程度上通过后续 APS 估计中的空间滤波减轻。

与二维相位解缠类似, 可以借助密集的 PS 网络搜索沿网络传播的误差, 从而改进结果。多层连接网络的方法可以进一步解决模糊性, 并避免误差沿网络的传播。

## 7.3    StaMPS

斯坦福永久散射体干涉法 (Stanford method for persistent scatterers, StaMPS) 由 Hooper 等 (2004) 提出。因其较好的稳定性, StaMPS 可能是使用最广泛的 PSI 方法, 特别是其软件可以免费获取。StaMPS 是为地球物理应用而开发的, 重点针对了火山形变的测量。火山区域的 PS 数量较少, 但火山上许多暴露的岩石和稀疏的植被也提供了一些稳定点。PS 的密度并不是一个主要问题。

然而, 火山形变并不是线性的, 也没有针对火山形变的应用模型。火山形变的时空规律对于进一步了解火山活动十分重要。StaMPS 不需要先验的形变模型, 并可以对线性和非线性形变进行估计。

为了达到这个目的, 根据残余高程是唯一与基线有关的相位分量, 首先对残余高程进行估计。随后通过三维相位解缠对地表形变做出估计, 但需要地表形变在空间上相关。地表形变中突然的 "跳变" 会导致相位解缠出错, 以及对形变量的低估。然而, 火山形变通常在空间上是相关的, 火山形变随空间逐渐变化, 使得 StaMPS 的基本假设成立; 而城市地区或滑坡的位移可能在空间上突变, 导致 StaMPS 不太合适。

### 7.3.1　StaMPS 中的 PS 选取

PS 是通过其相位稳定性来定义的, 但之前提出的方法, 例如振幅离差指数和基于 SCR 的方法, 都依赖振幅来作为相位稳定性的代表。在目标的后向散射较强的情况下, 这两种方法均能取得较好的效果, 但并不能在目标相位稳定且 SCR 较低时取得好的效果。暴露的岩石和其他自然 PS 在火山区域中很常见, 这些目标可以保持稳定, 并适合于干涉测量, 即使其后向散射强度较低。因此, 为了保持较高的 PS 密度, StaMPS 需要找到这些目标点。由于干涉测量需要一定的 SCR, StaMPS 通常采用振幅离差指数进行第一次选取, 但采用了较高的阈值 (0.4)。该阈值可以在必要情况下提高, 但找到合适点的可能性将大大降低。同时, 阈值越高, 计算的复杂度越高。因此, 在大多数情况下, 0.4 左右的阈值是合适的。

类似于之前介绍的相位模型, 相位贡献可以表示如下:

$$\phi = \phi_{\text{topo}} + \phi_{\text{motion}} + \phi_{\text{atmo}} + \phi_{\text{orbit}} + \phi_{\text{noise}} \tag{7.2}$$

在每种 PSI 方法中, 都需要 $\phi_{\text{noise}}$ 足够小以保证不会对测量产生显著影响。StaMPS 将 PS 定义为具有低 $\phi_{\text{noise}}$ 的点。

StaMPS 假设在给定距离 $l$ 内, $\phi_{\text{motion}}$、$\phi_{\text{atmo}}$ 和 $\phi_{\text{orbit}}$ 在空间上是相关的, 且 $\phi_{\text{topo}}$ 和 $\phi_{\text{noise}}$ 在同等距离内不相关。该假设与 PSInSAR 在估计 APS 时的假设非常相近, 但不同的是 $\phi_{\text{motion}}$ 也被假设在空间上是相关的。在火山学或构造学等应用中, 这种假设通常是正确的, 但在小尺度现象中可能不正确, 如天坑或滑坡, 这些形变可能没有空间相关性。

如果已知所有的 PS, 将所有 PS 的相位在以当前分析的像元为中心、半径为 $l$ 的圆内平均, 可以得到:

$$\bar{\phi} = \bar{\phi}_{\text{motion}} + \bar{\phi}_{\text{atmo}} + \bar{\phi}_{\text{orbit}} + \bar{\phi}_{\text{noise}} \tag{7.3}$$

横线上标表示对样本的平均, $\bar{\phi}_{\text{noise}}$ 为 $\phi_{\text{noise}} + \phi_{\text{topo}}$ 的平均。两式相减可以得到:

$$\phi - \bar{\phi} = \phi_{\text{topo}} + \phi_{\text{noise}} - \bar{\phi}'_{\text{noise}} \tag{7.4}$$

其中, $\bar{\phi}'_{\text{noise}}$ 为 $\bar{\phi}_{\text{noise}}$ 加上形变、大气和轨道误差的区域平均值与当前像元值的差异, 因此可以类比于 PSInSAR 和 STUN 中沿边的相位残余。

$\phi_{\text{topo}}$ 是唯一与垂直基线 $B_\perp$ 相关的相位分量, 可以在该早期阶段先对其进行估计。PSInSAR 中 $\phi_{\text{topo}}$ 是与位移速率一起估计的, 但是 StaMPS 这些值的估计是分开进行的。$\phi_{\text{topo}}$ 直接取决于垂直基线, 因此

$$\phi_{\text{topo}} = B_\perp \cdot k_\varepsilon \tag{7.5}$$

其中, $k_\varepsilon$ 为常数。$k_\varepsilon$ 可以从全部干涉图中通过最小二乘获取, 从 $k_\varepsilon$ 中则可以得到每个点的残余高程。带入表达式 (7.4), 可以得到:

$$\phi - \bar{\phi} = B_\perp k_\varepsilon + \phi_{\text{noise}} - \bar{\phi}'_{\text{noise}} \tag{7.6}$$

StaMPS 中的时间相干性 $\gamma$ 定义为

$$\gamma = \frac{1}{N}\left|\sum_{i=1}^{N}\exp\{j(\phi - \bar{\phi} - \hat{\phi}_{\text{topo}})\}\right| \tag{7.7}$$

其中, $N$ 为干涉图的数量, $\hat{\phi}_{\text{topo}}$ 为估计出的 $\phi_{\text{topo}}$。$\gamma$ 为相位稳定性的度量, 因此可以指示出某个点是否为 PS。StaMPS 需要 PS 已知, 并据此计算平均值, 但在目前阶段, PS 还是未知的, 因此采用了迭代的方法。需要对 $\gamma$ 设置阈值来从 PSC 中选取 PS, 目的是最大化真实的 PS 数量, 同时最小化误警率。

选出 PS 之后, 从相位值中移除所估计出的 $\hat{\phi}_{\text{topo}}$。在即将进行的三维解缠之前进行这一步是必需的, 因为高程相位在空间上不相关, 且可能引起相位不连续。在 StaMPS 中, 其余的相位分量要么也假设为空间相关的, 例如 $\phi_{\text{motion}}$、$\phi_{\text{atmo}}$ 和 $\phi_{\text{orbit}}$, 要么假设很小, 例如 $\phi_{\text{noise}}$。估计出的 $k_\varepsilon$ 可能是存在误差的, 即在移除地形相位时可能会存在相位残余, 然而可以假设该残余是很小的且在空间上相关的。

### 7.3.2  三维相位解缠

PSI 中的解缠可以理解为三维相位解缠, 其中两维在空间上, 另一维则是在时间上 (假如可以获取到时序干涉图)。从一维相位解缠来推导二维情况使求解更容易, 且可以找到更多的路径。相似地, 三维解缠也有其益处。由于重要的是利用二维相位解缠相对于一维情况的优势, 将其作为一个真正的二维问题而不是

一系列的一维问题来处理,因此,将三维相位解缠也作为一个单独的问题来处理会更好。

然而,目前还没有一种普适且高效的三维相位解缠算法。因此,StaMPS 中实现了一种伪三维的解缠算法。首先在时间维度对数据进行解缠,并将结果作为初始解以在二维空间中进行相位解缠优化。该方法的优势在于可以使用现有且高效的二维解缠算法。

与 PSInSAR 类似,StaMPS 在 PS 之间形成了弧段,相邻 PS 的相位差只会受到 APS 的轻微影响。弧段之间的相位差在时间上解缠。空间解缠使用的是 Snaphu (Chen & Zebker, 2001), Snaphu 中要求数据是规则的格网。因此, StaMPS 采用了迭代加权最小二乘法。该方法迭代地删除残差最大的弧,直到所有残差为零。

### 7.3.3    空间相关的相位项

对 $\phi_{\text{motion}}$ 解缠之后,剩余的误差项 $\phi_{\text{atmo}}$、$\phi_{\text{orbit}}$ 和 $\phi_{\text{noise}}$ 被假设为在空间上相关但在时间上不相关的分量。与 PSInSAR 中获取 APS 的方法类似,采用时间上的高通滤波和空间低通滤波来获取并移除空间相关的误差项。

StaMPS 和其他 PSI 方法之间还有一个明显的区别——其解缠并不是从一个参考点沿网络进行的。因此, StaMPS 得到的形变是相对于这些点的平均值,而不是相对于一个参考点。然而,相对于单点的形变也是可以获取的 (图 7.4)。

表 7.1 中比较了一些常见的 PSI 方法。

图 7.4    采用 StaMPS 方法估计的 PS 位移速率

**表 7.1  PSI 和 DS-InSAR 方法** (修改自 Crosetto et al., 2016; Liao et al., 2020; Minh et al., 2020; Osmanoglu et al., 2016; Zhang et al., 2012)

| 方法 | 基线组合方式 | 选点 | 形变模型 | 年份 | 参考文献 |
|---|---|---|---|---|---|
| PSInSAR | 单一主图像 | 振幅离散度 | 线性形变 | 2001 | Ferretti et al. (2000, 2001) |
| SBAS | 短基线 | 空间相干性 | 空间连续性 | 2002 | Berardino et al. (2002) |
| IPTA | 单一主图像 | 振幅离散度 | 线性形变 | 2003 | Werner et al. (2003) |
| StaMPS | 单一主图像 | 相位稳定性 | 空间连续性和三维相位解缠 | 2004 | Hooper et al. (2004) |
| Multi-DIFSAR | 短基线 | 空间相干性 | 空间连续性 | 2004 | Lanari et al. (2004) |
| STUN | 单一主图像 | 信杂比 | 线性形变 | 2006 | Kampes (2006) |
| CPT | 短基线 | 空间相干性 | 共轭梯度法 | 2008 | Blanco et al. (2008) |
| SPN | 短基线 | 空间相干性 | 分段线性 | 2008 | Crosetto et al. (2008) |
| QPS | 相干基线 | QPS 法 | 线性形变 | 2011 | Perissin & Wang (2011) |
| SqueeSAR | 全连接 | 统计同质性 | 不同形变模型 | 2011 | Ferretti et al. (2011) |
| TCPInSAR | 短基线 | 偏移量标准差 | 线性形变 | 2012 | Zhang et al. (2012) |
| MInTS | 短基线 | 空间相干性 | 不同形变模型 | 2012 | Hetland et al. (2012) |
| PSP | 单一主图像 | 振幅离散度 | 线性形变 | 2014 | Costantini et al. (2014) |
| DSI | 短基线 | 统计同质性 | 线性形变 | 2014 | Goel & Adam (2014) |
| Cousin PS | 短基线 | 振幅离散度 | 空间连续性 | 2014 | Devanthéry et al. (2014) |
| 层析差分干涉 | 单一主图像 | 光谱多样性 | 不同形变模型和层析 | 2016 | Siddique et al. (2016) |
| 序贯估计器 | 高效叠加 | 统计同质性 | 线性形变 | 2017 | Ansari et al. (2017) |
| 极化 PSI | 全连接 | 统计同质性 | 线性及极化 | 2018 | Mullissa et al. (2018) |
| 并行 SBAS | 短基线 | 空间相干性 | 空间连续性 | 2019 | Manunta et al. (2019) |

# 第 8 章

# 分布式散射体干涉测量

永久散射体干涉是一项强大的技术, 能克服大气干扰, 斑点和时间失相干的影响。实际上, 时间失相干和斑点的问题并没有被真正克服, 但是通过专注于永久散射体 (permanent scatterer, PS), 可避开斑点和时间失相干的问题。

PS 定义为在一个分辨率单元中只有一个主导散射体的像元, 因此不存在斑点。此外, PS 点保持长时间相位稳定, 因此也不会受时间失相干影响。然而, PS 只是 SAR 图像像元中的一小部分。PS 大多是由人造物形成的, 因为人造物很容易会形成二面体 (例如墙) 或三面体 (例如角) 结构, 具有较大后向散射能量, 并在较长时间内保持相位稳定。因此, PSInSAR 可在城市或有许多人工结构的地区取得较好效果。

在非城市地区, 只能找到有限数量的 PS。首先假如在感兴趣的区域内没有 PS, 就不可能采用 PSInSAR 进行测量。此外, 要求一定的点密度, 例如每平方千米超过两个点, 才能保证测量密度足够进行 APS 估计。同样, 即使是无须估计 APS 的方法也需要足够密集的观测点网络, 以保证网络连接边的长度始终在临界距离以下。

如果需要在 PS 稀疏的区域进行形变测量, 则需要不 (或不仅仅) 依赖于 PS 点的方法。在某种程度上, StaMPS (参见第 7.3 节) 已经是解决该问题的一种方法, StaMPS 试图包含更多的 PS, 不仅寻找高振幅点, 还更广泛地搜索了相位稳定点。StaMPS 是为火山区和非城市地区开发的。然而, 火山地区也有一定自然存在的 PS 密度, 例如裸露的岩石。StaMPS 也依赖于 PS, 只是同时接受了更多的低振幅点。

不单独依赖于 PS 的方法, 从技术上讲不属于永久散射体干涉。然而, 它们经常或多或少地被同时提及, 因为在所有的这些方法中, 仍然会涉及 PSI 的一些方面。这些方法通常一起归类为多基线干涉测量 (multi-baseline interferometry) 技术, 因为它们都使用了大量的干涉图。最近, DS-InSAR 正成为一个更被普遍接受的代表这些方法的术语, 其中 DS (distributed scatterer) 表示分布式散射体。

在处理分布式散射体时, 斑点效应会对相位产生干扰。为了处理这种拟随机效应, 必须结合来自多个像元的信息进行统计分析, 至少需要获得多个像元的平均值。

分布式散射体通常更易受时间失相干和几何失相干的影响。DS-InSAR 在一定程度上解决了这些问题, 但强烈的时间、空间失相干或体失相干仍不能被 DS-InSAR 校正。此外, 由于分布散射体的复杂性质, 例如观测的散射中心可能时不时受到土壤或植物的水分影响, 使观测到的形变可能还与水分变化有关。Ansari 等 (2020) 展示了分布式散射体中仅使用短时间基线测量地表形变时存在的系统偏差。

# 8.1    小基线集技术

小基线集 (small baseline subset, SBAS) 技术 (Berardino et al., 2002) 是首个 DS-InSAR 技术, 在 PSInSAR (Ferretti et al., 2000, 2001) 提出不久后发表。SBAS 也是一项非常常用的技术, 并且有一些软件包支持, 包括免费的 StaMPS。

SBAS 以最小化时间基线和空间基线的方式形成干涉图, 从而减少时间失相干和空间失相干。而在 PSI 方法中, 干涉图是在单个主图像和所有其他辅图像之间形成的。因此, PSI 中一些干涉图会有较大的空间或时间基线, 这在处理 PS 时不是什么大问题——PS 随时间推移能保持稳定, 所以大的时间基线不是一个问题, 且 PS 对空间失相干也相对不敏感。然而, 分布式散射体对这两种失相干影响都很敏感, 但可通过减小干涉图的时间基线和空间基线来缓解。

图 8.1 给出了这两种干涉图组合方式的差异。SBAS 方法的名称来自其小基线干涉图的组合, 即那些小的时间基线和小的垂直基线的干涉图。SBAS 中定义

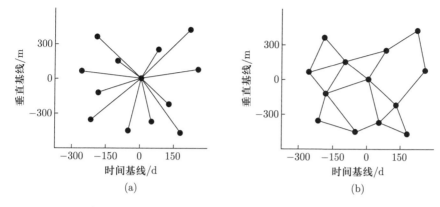

图 8.1　干涉图的组合方式: (a) 星形图; (b) SBAS 组合

了时间基线和垂直基线的最大值, 然后形成满足这些要求的干涉图。通常, SBAS 比 PSI 方法处理更多的干涉图, 使其计算成本更高。

　　仅处理小基线的干涉图可以缓解时间和空间上的失相干影响。斑点效应仍是个问题。SBAS 通过对干涉图进行多视来减小斑点的影响。多视即平均多个像元的过程, 可以减小斑点效应 (参见第 2.5.1 节)。PSI 并不对干涉图进行多视, 因为 PS 定义为在一个分辨单元内只有一个主导散射体, 因此不存在什么斑点效应需要抑制。此外, 多视处理可能会破坏 PS 的性质, 因为结合多个像元可能会减小 PS 的主导地位。

　　生成多视干涉图之后, SBAS 会对干涉图进行解缠。SBAS 对每个干涉图使用的是二维相位解缠, 因此相位是首先在空间上解缠的。对于较大的形变梯度差异, 这种解缠可能会导致误差和对形变的低估, 但由于时间基线保持较短, 这个问题也可得到缓解。空间相干性低于一定阈值的像元不会进行解缠, 也不参与后续处理。

　　下一步, 采用最小二乘法估计形变的低通分量和可能存在的地形误差, 并从相位中移除这两部分。之后再次解缠干涉图, 降低条纹密度, 使结果改善。然后 SBAS 采用奇异值分解法 (SVD) 估计剩余形变。

　　到目前为止, 估计速率中仍然存在有待消除的大气影响。消除大气采用的是类似于 PSInSAR 方法, 在空间上使用低通滤波估计大气相位分量, 在时间上则使用高通滤波。在最终的形变速率估计中去除了大气的贡献。

# 8.2  QPS 技术

　　QPS (quasi-persistent scatterer) 技术通过考虑部分相干的目标来增加 PSI 的观测数量, 使 PSI 在 PS 稀疏的非城市地区进行测量成为可能。QPS 使用了一些 SBAS 的方法, 将这些方法集成到 PSI 框架中。与 SBAS 类似, 干涉图不是采用单一主图像生成的。针对不同的目标, QPS 可选择不同的干涉图进行高程和形变速率估计。此外, QPS 通过干涉图的空间滤波来减小分布式散射体的斑点效应。

　　当处理点状散射体时, 星形图可使时间基线和垂直基线有很好的分布, 因此可以较好地估计高程和速率, 包括采用非线性速率的模型。但是, 这只针对 PS, 因为 PS 可以随着时间保持相干, 且不受空间失相干的影响。

　　QPS 通过建立最小生成树 (minimum spanning tree, MST) 来连接具有最高空间相干性的干涉图 (图 8.2)。为了确定干涉组合的相干性, 可以根据其时空基线, 或通过选取一些像元, 估计它们在每个干涉图上的平均空间相干性。

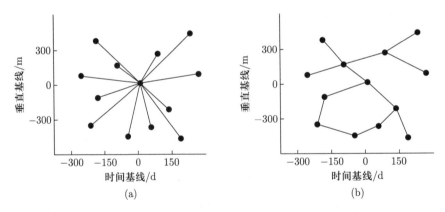

图 8.2　干涉图的组合方式: (a) 星形图; (b) QPS 组合

　　对于 SAR 图像中的每个像元, 包含有用信息的最佳干涉图集合可以是不同的。根据定义, PS 在所有干涉图中都是相干的, 其他目标则是部分相干的, 即它们仅在某些干涉图中是相干的。QPS 扩展了 PSInSAR 方法, 在高程和速率参数的获取中引入了权重。根据空间相干性对每个干涉相位进行加权, 并确保只考虑相干的干涉图。

QPS 处理的是滤波后的干涉图, 以降低斑点对分布式散射体的影响。但这为一同处理的 PS 点增加了噪声并降低了空间分辨率。滤波对于处理分布式散射体是必要的。QPS 处理中没有明确定义要采用哪种滤波方法, 可以采用多视和相位滤波。

QPS 方法中含有 DS-InSAR 的一些元素, 同时又与 PSI 方法很接近。QPS 可以视为 SqueeSAR 方法的前身, 因为它包含了处理 DS 的方法, 但又与 PSInSAR 接近。

## 8.3  SqueeSAR

如前所述, PS 在非城市地区的稀疏性是 PSI 技术的一个局限。SqueeSAR 通过在 PSInSAR 处理中囊括 DS 来解决这个问题。SqueeSAR 的目的是一起处理 PS 和 DS, 而不需要对传统的 PSInSAR 处理链做过多调整 (Ferretti et al., 2011)。

SqueeSAR 使用一种自适应滤波策略来组合对应于分布式散射体的一组相似的像元, 同时保持点状散射体不被滤波。这种策略更好地保持了分布式散射体的相位同质性, 且可以实现 PS 和 DS 的联合处理。

为此, SqueeSAR 使用 DespecKS 算法来寻找统计同质像元 (statistically homogenous pixel, SHP)。零假设为 SAR 图像上两个像元的时序像元值向量具有相同的概率分布函数。若不能证伪该假设, 则认为这两个像元在统计上是同质的。DespecKS 算法中采用的是柯尔莫哥罗夫–斯米尔诺夫 (Kolmogorov-Smirnov, KS)(Stephens, 1970) 检验。但也可以使用其他统计检验法。KS 处理的是振幅数据, 因此, SqueeSAR 也采用了振幅来推断相位的稳定性。振幅离差指数法等 PSC 选择方法也是基于该思想。

每个 DS 的统计特征都通过其协方差矩阵来表示。将协方差矩阵中的振幅归一化, 即得到相干矩阵。相干矩阵中的非对角元素为相干性的估计。对于一个真正的 PS 而言, 相干矩阵是一个冗余的奇异矩阵, 而 DS 中情况并非如此。干涉图空间滤波后的相位值会出现不一致, 因此不能直接进行三维相位解缠。SqueeSAR 通过相位三角算法 (phase triangulation algorithm, PTA)(Guarnieri & Tebaldini,

2008) 从相干矩阵中推导 $N$ 个最优相位值, 其中 $N$ 是 SAR 图像序列中辅图像的数量。

PTA 建立了 DS 向 PS 转化的桥梁, 使 DS 的特征可通过 $N$ 个而不是 $N(N-1)/2$ 个相位值来表示, 并使得预处理后的数据可以在标准的 PSInSAR 处理链中进行处理, 即意味着可以采用已被较好验证过的标准处理方法, 而仅需要增加 SqueeSAR 的预处理步骤。

SqueeSAR 算法可总结为六个步骤:

(1) 采用 DespecKS 对每个像元进行 SHP 识别。

(2) 考察所有像元组, 若包含 SHP 数量大于给定阈值, 则定义为 DS。

(3) 对所有 DS 计算样本相干矩阵。

(4) 对每个相干矩阵采用 PTA 算法处理。

(5) 选择 PTA 评价值高于某一阈值的 DS, 赋予其最优相位值。

(6) 采用传统 PSInSAR 算法一同处理所有筛选出的 DS 和 PS。

因此, SqueeSAR 有一些优点。通过使用自适应滤波的 DespecKS 算法, 将 SHP 组合为 DS, 从而使 PS 的特性保持不被破坏。利用 PTA 从所有干涉图中估计出 $N$ 个最优相位值。术语 "SqueeSAR" 来自该技术从所有可能的干涉图中 "挤压" 出了 $N$ 个最优相位值。之后, 可以用类似 PSInSAR 的方式使用这些值, 例如进行三维相位解缠以及测试证明良好的标准 PSInSAR 处理链。

图 8.3 展示了 SqueeSAR 采用的全连接干涉组合。图 8.4 展示了 SqueeSAR 的相关示例。

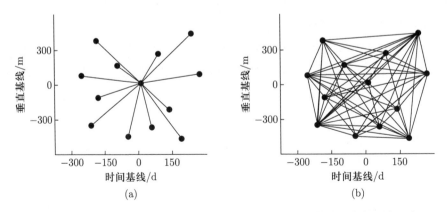

(a)    (b)

图 8.3  干涉图的组合方式: (a) 星形图; (b) SqueeSAR 中采用的全连接组合

图 8.4　采用 SqueeSAR 分析基础设施稳定性 (由 TRE ALTAMIRA 提供)

# 第 9 章

# 像元追踪和点目标偏移追踪

与 SAR 的 DEM 生成类似, 地表形变的测量也存在着基于相位和基于振幅两类方法。基于振幅的方法更加稳定, 更不易受噪声和时间失相干的影响, 同时精度也更低; 所能达到的精度与雷达系统的空间分辨率直接相关。

基于振幅的方法不会像基于相位的方法一样受到相位解缠问题的限制, 因此可以适用于形变速率更大的情况。此外, 基于振幅的方法不只可以在距离向进行测量。一般来讲, 基于振幅的方法适用于形变速率更快的情况, 并可以测量沿方位向的位移; 而基于相位的方法能以更高精度测量缓慢的地表位移。

与干涉测量中的 PS-InSAR 与 DS-InSAR 类似, 基于振幅的形变获取方法也存在点状散射体和分布式散射体的划分。这些方法的命名有很多种。本书接下来用像元追踪来表示一般方法, 点目标偏移追踪 (point-target offset tracking, PTOT) 则表示那些只关注点目标散射体的基于振幅的方法。

采用 Seasat 数据进行海冰监测是最早的像元追踪应用, 发表于 1991 年 (McConnell et al., 1991)。Scambos 等 (1992) 用该方法监测冰川移动速率。像元追踪经常用于海冰与冰川监测的应用, 因为这两种现象的位移对于 InSAR 来说过快, 且冰体的相干性很低, 进一步阻碍了基于相位的测量。像元追踪可以适应冰川尤其是海冰的这些特性。

然而像元追踪并不仅限于这些应用。例如, 该方法也可用于监测地震引发的位移, 如 Michel 等 (1999) 中所展示, 采用的也是 ERS 数据。Massonnet 等 (1993) 在他们关于 D-InSAR 的开创性文章里也采用了该数据。2005 年克什米尔地震引发的大量地表位移也利用了 ASAR 数据重建 (Pathier et al., 2006)。

高分辨率 SAR 数据的可用性提高了基于振幅方法的应用能力。像元追踪和其他基于振幅的方法的精度依赖于空间分辨率, 高分辨率数据至关重要。随着高分辨率数据的可用, 像元追踪对各种应用变得更有吸引力, 例如地质学 (Ruch et al., 2016) 以及滑坡检测 (Milillo et al., 2017; Singleton et al., 2014)。该技术还可以监测核试验造成的地表形变, 例如 Wang 等 (2018) 展示了采用像元追踪技术获取朝鲜核试验场的塌陷。

# 9.1   像 元 追 踪

像元追踪通过不同时间获取的 SAR 振幅图像的差异来获取地表位移。在许多方面, 像元追踪相对于 StereoSAR 就相当于 D-InSAR 相对于 InSAR。

与 StereoSAR 一样, 第一步是在两幅图像中找到同名像点, 同名像点是在两幅图像中代表同样地物的点。StereoSAR 中, 假设两幅图像之间的位置差异是由成像几何, 也即高程差异所造成的。在像元追踪中, 假设这种差异是由成像间隔内观测对象在地面上的运动所引起的。

现实中, 这两种情况可能同时发生 —— 同名像点的移动可能由两种情况引起: 成像的差异和目标在地面上的运动。因此, 与 InSAR 类似, 像元偏移的本质是对不同影响的分离。还与干涉测量类似的一点是像元偏移的关键之处也在于空间基线。雷达立体测量依赖于两次成像几何之间很大的视角差异来对高程做出精确估计。像元追踪测量的是位移而不是高程, 因此需要较小的视角差异。

因此, 像元追踪采用的图像是使用从同一轨道不同时间获取的, 而立体雷达测量采用的图像则是从不同轨道获取的。

像元追踪相对于 D-InSAR 的优势如同雷达立体测量相对于 InSAR 一样。像元追踪受大气和时间失相干的影响更小, 但能达到的精度很大程度上取决于空间分辨率。此外, 像元追踪不受相位解缠的限制, 可以监测快速形变。像元追踪的另一个优势是还可以获得方位向形变。

因此, 像元追踪在监测快速形变、时间失相干严重区域的形变或由方位向所主导的形变时具有很大的优越性。然而, 像元追踪需要高分辨率数据。

像元追踪是一种相对测量, 测量像元之间位移的差异, 且需要假定稳定的参考点。

　　因此, 像元追踪的第一步是某种形式的图像配准, 可以采用标准的由粗到精的方法, 然而要注意避免处理形变的区域。基于轨道的配准方法在此具有优越性, 因为避免了在配准中使用具有位移的目标。使用粗到细的配准方法并假设图像之间为仿射变换, 可以将具有位移的像元对整体变换的影响最小化。

　　配准完成后应通过参考点对配准结果进行评价。由于假设参考点是稳定的, 该点的配准精度应该是达到亚像元级别的。为了在尽可能高的精度内验证这一点, 参考点应是理想的具有高 SCR 的点目标。最好使用几个没有发生位移的点目标来验证图像中非形变部分的配准结果。

　　也有可能避免配准和对辅图像的重采样而仅识别两图像中的参考点, 最好达到亚像元精度; 并要求两幅图像具有稳定且相同的成像几何, 除去那些距离和方位向的偏移。由于 SAR 具有较高的几何精度, 这一假设在大多数 SAR 图像中都可以实现。然而, 像元大小的微小差异并不少见, 特别是在聚束模式的图像中, 因此再次强调, 最好采用几个已知稳定点目标来验证, 从而使结果更稳定, 避免处理过程中的误差。

　　之后, 通过测量过采样图像块上的相似性来估计每个像元的位移, 如图 9.1 所示。基于归一化互相关性的相似性衡量是一种常见的方法, 也可以采用其他相似性度量。例如可以考虑相位信息, 采用相干性作为相似性度量。此为相干追踪技术, 可以达到较高的精度, 但对相位稳定性有一定要求, 因此并不适合所有的应用场景。

　　如 StereoSAR 一样, 像元追踪中也给出了整体拟合度, 以滤出那些足够可靠的形变测量结果。像元追踪中需要定义的参数主要有搜索区域、用于比较的窗口大小以及过采样因子。采用较大的搜索区域会增加计算时间, 但可以检测出更大 (更快) 的形变。更大的过采样因子也会增加计算时间, 但可以在一定范围内增加精度。设置更大的窗口同样会增加计算时间, 同时提升精度。然而, 设置过大的窗口会将位移参数存在显著差异的像元包含进来, 从而对精度产生不利影响。因此, 设置窗口大小不应超过位移目标的大小。以滑坡为例, 窗口应小于滑坡区域的大小。

　　对于一般的像元偏移追踪方法, 在可实现精度方面没有理论估计。然而对于相干追踪技术, 所能达到的精度为 (Bamler & Eineder, 2005)

$$\sigma_{\mathrm{CR}} = \sqrt{\frac{3}{2N}} \frac{\sqrt{1-\gamma^2}}{\pi\gamma} \tag{9.1}$$

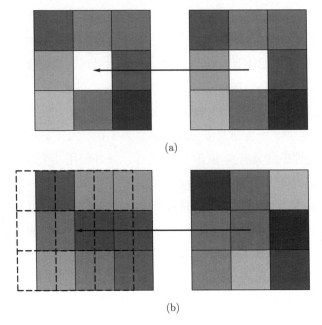

图 9.1　像元追踪: (a) 某一稳定点; (b) 该点向左移动了半个像元之后的像元

其中, $\sigma_{\mathrm{CR}}$ 为像元偏移误差的标准差, $N$ 为窗口内的样本数量, $\gamma$ 为相干性。标准的基于互相关性的像元追踪方法误差更大, 至少为 $\sqrt{2}$ 倍。如 Bamler 和 Eineder (2005) 所展示的, 低相干区域的预计误差更大。即使对于高相干区域, 亚像元精度也是有限的, 一般认为能达到 $0.1 \sim 1$ 像元精度。

像元追踪的误差通常以像元为单位表示, 更清晰地表明了空间分辨率与误差之间的关系。假设误差的标准差为半个像元, 则在高分辨率聚束模式图像中相当于 0.4 m, 而在中分辨率的 SAR 系统中将达到 10 m, 例如 Sentinel-1 卫星的方位向。

## 9.2　点目标偏移追踪

点目标偏移追踪 (point-target offset tracking, PTOT) 是另一种像元追踪方法, 主要关注点目标, 如同 PSI 相对于 D-InSAR。点目标与永久散射体类似, 一个分辨单元内只有一个散射体在后向散射中占主导, 且该散射体的亚像元位置可

以较高精度估计出来。精度通过式 (9.2) 估计 (Bamler & Eineder, 2005):

$$\sigma_{\mathrm{point}} = \frac{\sqrt{3}}{\pi}\frac{1}{\sqrt{\mathrm{SCR}}} \tag{9.2}$$

其中, SCR 表示目标的信杂比。可以看出, 精度完全取决于 SCR。不需要考虑估计窗口, 因为不建议多视或平均, 以保持点目标的原始特性。

如图 9.2 中所示, 精度是 SCR 的函数。假设目标 SCR 为 20 dB, 则精度大约为 1/20 个像元。因此, 高 SCR 点目标可实现精确定位, 并可用于图像配准 (Serafino, 2006)。这种精确的亚像元定位的能力也将在下一章的 SAR 绝对定位中讨论。

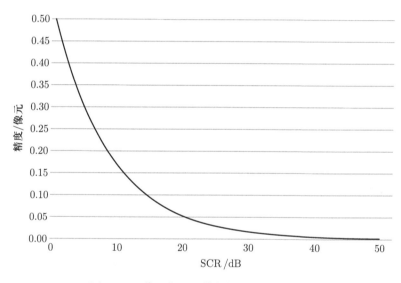

图 9.2　亚像元位置的精度与 SCR 间的关系

假设 sinc 函数为点散射体的响应函数, 通过估计过采样图像块的位置来确定精确的亚像元位置。根据点散射体的位置, 不同图像间点散射体位置的差异也可用来获取位移 (Hu et al., 2013)。

对于高分辨率的聚束模式图像, 当目标 SCR 为 20 dB 时可以达到约 5 cm 或更高的相对位移精度。同样假设定位精度为 1/20 像元, 采用 Sentinel-1 数据时在距离向大约相当于 25 cm, 方位向则大约为 1 m。更高的 SCR 可以显著提升精度。

采用高分辨率的聚束模式图像可以将精度提升至厘米级, 能够在各种应用中使用。对于滑坡等快速形变的监测, PTOT 非常有效。然而, PTOT 需要高 SCR 的目标。类似于 PSI 中 PS 密度的问题, 城市地区之外通常难以发现高 SCR 的目标。由于在感兴趣区中点目标的缺乏, PTOT 的适用性往往受到限制。

在感兴趣区中布置人工目标可以克服这个问题, 但需要先安装这些设备。这可能会导致很多新的问题, 包括目标被盗窃或破坏。此外, 安装较重的角反射器可能会改变活动滑坡的形变模式。

# 第 10 章

# 利用 SAR 绝对定位测量位移

SAR 绝对定位指从 SAR 图像中精确测量三维世界中绝对坐标的技术。这里的关键词是: 绝对。前面几章介绍的方法可以精确测量相对高程或相对位移,而 SAR 绝对定位获取的是精确的绝对位置。SAR 绝对定位需要 SAR 系统校准良好且轨道参数精确。

Eineder 等 (2011) 首先提出该方法, Cong 等 (2012) 随后对此拓展。这些最初的方法证明了 TerraSAR-X 的高精度定位能力。后来这些方法又得到进一步发展——使用立体 SAR 配置的三维坐标的绝对测量 (Gisinger et al., 2015), 以及自动测绘中地面控制点的自动检测 (Montazeri et al., 2018), 可以达到厘米级到分米级的绝对精度。

## 10.1　SAR 图像定位

SAR 图像的坐标轴对应于方位向和距离向的时间, 也称为慢时间和快时间。SAR 图像的距离向坐标给出了信号的传输时间。距离向中第一列的像元具有确定的传输时间, 并沿着距离向像元增加。在方位向中, 每个像元也代表一个时间, 即零多普勒时刻与给定参考时刻的时间差。根据 SAR 图像中的 $x/y$ 坐标, 可以计算出信号在距离向上的传输时间以及在方位向上的采集时间。根据方位向的时间信息, 传感器在给定的方位线上的具体位置可通过精密轨道信息得到。因此, 可以从图像坐标中获取传感器的位置以及点到传感器的距离。

上述原理如图 10.1 所示。已知传感器的位置、飞行方向和观察方向 (左视或右视), 可能的位置可以缩小到给定半径 (斜距) 的四分之一圆。然而, 地表上的位置仍然是模糊的, 但可以确定是在该圆弧的某个位置上。如果能知道精确的高程信息, 例如通过 DEM, 就能获取目标在世界坐标系中的位置。

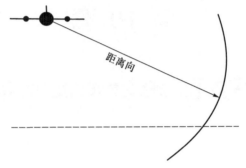

图 10.1    从 SAR 坐标中获取真实世界中的位置

因此, SAR 的定位是一个关于模糊[①] 的处理过程。假如有 DEM, 或者假设所有像元的高度为一个定值, 则通常可通过迭代来实现 SAR 图像中的定位 (Curlander, 1982)。

## 10.2    影响定位的因素

上述定位方法的精度很大程度上取决于高程信息的准确性。此外还需要精密轨道信息, 以将 SAR 图像中的时间信息转为正确的传感器位置。通过距离向时间计算斜距时一般采用的是光在真空中传播的速度。由于信号在大气中传播, 该假设显然是不对的, 需要修正。这些因素在大地测量学中是众所周知的, 但在 SAR 中往往没有被考虑到。

### 10.2.1    静态影响因素

对不同坐标系的确切理解必不可少。地理坐标系采用纬度和经度表示二维坐标, 高度则用米表示。高度通常是相对于地球椭球体给出的, 地球椭球体是最

---

① 模糊代表 SAR 处理中固有的不确定性。

理想的代表地球的旋转椭球体。地球椭球体参数通常选择 WGS84。WGS84 是 1984 年以来世界大地测量系统所采用的椭球体。地球确切地说不是一个椭球体，其表面更接近于大地水准面，大地水准面的实际高度与椭球体的高度有很大的不同。因此，如果给定的高度为椭球高程，则可能需要将其修正为大地水准面高程。地球上每个点的大地水准面高程可以通过几种来源获得，而且是免费的。

轨道信息也是一个重要因素。为了精确定位，应采用所能获得的最精确的轨道信息。此外，应对方位向定时误差进行校正。这可能是 SAR 系统校准的一部分，也可能包括在元数据中。例如，在 TerraSAR-X 的元数据中，DLR 提供了方位向定时误差信息作为附加信息。

如前所述，电磁波不以真空中的光速穿过地球大气层。引起电磁波传播变慢的因素可以分为两个部分：首先是干燥大气以一个常数因子使信号传播变慢，也称为路径延迟。其次是大气中水蒸气含量和气压的变化引起的动态因素，同样影响着电磁波的传播速度。下一节中将对这些因素进行更详细的讨论。

常数因素可能导致米或数米范围内的误差，校正起来相对容易。下一节中讨论的动态因素在分米范围内，可能更难进行校正。

## 10.2.2　动态影响因素

虽然我们认为世界坐标是静态的，但其中也存在一些动态因素。地球是动态的，地球上没有什么是真正稳定不变的，例如坐标会随着板块构造运动，每年移动几厘米。因此，给出坐标时通常也要给出相应的参考点或参考系。为了阐明随着时间的相对移动，精确的坐标需要对应于某个参照系及时间，也称为历元。这样，就可以确定精确的绝对位置。

SAR 绝对定位需要已知参考系和历元，并在采集点坐标时将其转换为描述传感器位置所用的坐标参考系和历元。参考系的选择会产生显著的影响。欧洲陆地参照系——ETRF89，就是一个典型的参考系。如今该参考系已经有 30 多年的历史了，若假设位移速率为 $2 \text{ cm} \cdot \text{a}^{-1}$，则大概已存在 0.5 m 的差异，对于厘米到分米精度绝对定位来说，这样的变化太大了。修复这个问题相对简单，因为只需要对坐标进行转换。问题的关键在于意识，因为很多人并没有意识到这个问题。

固体潮是绝对定位中另一个必须考虑的因素。海洋的潮汐已为人熟知，然而事实上月球和太阳 (以及其他重力体) 的位置对陆地的质量也会产生影响，导致陆地在水平和垂直方向上的绝对位置发生变化, 如图 10.2 所示。该变化约在分米范围内, 因此需要通过给定时间和位置的固体潮的信息加以修正。

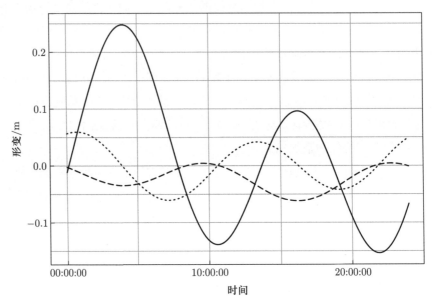

图 10.2    2020 年 9 月 1 日中国武汉固体潮。虚线表示地球潮汐向北,点划线表示地球潮汐向东, 实线表示垂直的地球潮汐

大气同样是一个贡献因素,尤其是对流层和电离层引起的。我们已经讨论过静态影响因素中的大气效应。大气路径延迟可以分为静态或称为常量的部分和动态部分。动态部分取决于几个因素,其中水汽含量、温度和空气压力是主要的动态因素。除了对流层外,电离层中的总电子含量 (total electron content, TEC) 也会延迟信号。这部分信号延迟与波长有关,长波长受到的影响比短波长更加严重。总共的路径 $L$ 计算如下:

$$L = 10^{-6} \int_{r_{\text{ground}}}^{r_{\text{sensor}}} k_1 \frac{P_{\text{d}}}{T} + k_2 \frac{e}{T} + k_3 \frac{e}{T^2} + 1.45 W_{\text{cl}} + 4.028 \frac{n^2}{f^2} \mathrm{d}r \qquad (10.1)$$

其中, $k_1$、$k_2$ 和 $k_3$ 为常数, $T$ 为温度, $e$ 为水蒸气的分压, $W_{\text{cl}}$ 为液态水, $n$ 为电子密度, $f$ 为雷达系统的频率, $P_{\text{d}}$ 为干空气分压。这些数据可以从其他遥感源获得, 如 MERIS, 或者从数值天气模型中获得。由于路径延迟也会影响全球导航卫星系统 (global navigation satellite system, GNSS), 因此学者们对这些问题已经进行了很好的研究, 可以采用 GNSS 和导航中已经成熟的方法。

### 10.2.3　亚像元定位精度

为实现厘米级的高精度定位, 应将分辨单元内主导的点散射体作为目标, 类似于之前讨论的 PS 点或 PTOT 中的点目标。在点散射体主导的前提下, 理论亚像元精度为 (Bamler & Eineder, 2005):

$$\sigma_{\text{point}} = \frac{\sqrt{3}}{\pi} \frac{1}{\sqrt{\text{SCR}}} \tag{10.2}$$

其中, SCR 为目标的信杂比。若目标信杂比为 20 dB, 则精度大约能达到像元的 1/20 (同样如图 9.2 所示)。

SCR 取决于背景噪声以及目标的尺寸。图 10.3 展示了可实现的亚像元定位精度与三面角反射器的尺寸之间的关系。对于波长较短的数据, 可以采用尺寸较小的角反射器。传感器的空间分辨率也很重要, 因为较小的分辨单元中包含的杂波也更少, 因此 SCR 会显著提高。

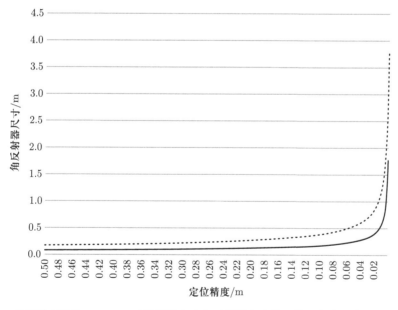

图 10.3　背景噪声设为 −1 dB。亚像元精度为角反射器大小的函数。实线对应 TerraSAR-X 条带模式数据, 点划线对应 Sentinel-1 数据

因此, 最终的定位精度很大程度上取决于系统的空间分辨率, 较高的空间分辨率可以提升 SCR, 精度也通常以像元大小作为单位, 可实现的测量精度与系统的空间分辨率有着直接关系。其他影响因素包括系统的轨道精度, 以及精确推导地球动力学参数的能力。地球动力学参数用于修正影响定位精度的那些因素。

# 10.3　采用立体雷达配置进行绝对三维定位

如前所述, 一个已知位置和高度的点散射体可以在 SAR 图像中精确定位。然而, 该方法的实际用途有限, 因为需要目标的精确高度。从 SAR 图像坐标中获得精确的三维位置更具有应用价值。然而, 如图 10.1 所示, 三维位置是模糊的。为了从二维坐标系中获取三维位置, 必须有额外的信息, 例如高程就可以作为一种额外的信息。另外, 可以使用获取于不同位置的第二幅 SAR 图像。只要在两幅图像中都能识别出相同的目标, 就能得到其精确的位置。如图 10.4 所示, 在圆弧的交点处可以确定目标位置。

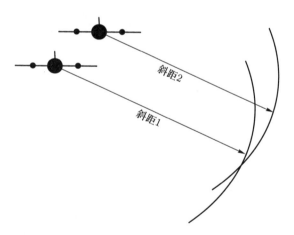

图 10.4　采用立体雷达配置进行绝对三维定位

图 10.4 中对情况进行了简化, 因为实际情况并不是两个二维圆弧相交, 而是两个球面的三维交点, 仍可能有模糊的解。为了得到更好的解, 采用两幅以上的图像可能是有益的。

# 10.4   对比绝对定位方法和相对方法

在此, 我们将两类方法进行对比: 一类是基于 SAR 绝对定位的绝对测量方法, 另一类是之前讨论的所有提供相对测量结果的方法。在看到各种静态的和动态的误差源后, 人们可能会问为什么以前没有讨论过固体潮等因素。分米级的变化将显著影响基于毫米级的精确光程变化的干涉测量。干燥大气会导致米级的误差, 但之前为什么没有提到这些?

相对测量取的是像元之间的斜距 (或高程) 差。即测量的是两个像元之间的相位差, 并由此估计出这些像元之间的高程和位移差异。这种情况下, 任何以类似方式作用于两个像元的影响因素都是无关紧要的。由于地球固体潮的影响对于图像中的所有像元都是近似的, 因此不会产生像元间的相位差。同样, InSAR 中的大气相位屏是指两个像元间大气路径延迟的差异。由于干燥大气的路径延迟在整个图像中是近似的, 因此对 InSAR 来说无关紧要, 但湿润大气会产生显著影响, 因为大气特性会随时间和空间发生改变。

然而, 相对测量的方法需要一个参考, 如在 DEM 生成中需要一个已知高程点, 或在形变测量中需要一个假设的稳定点。正如这一章里讨论的各种误差源, 在我们所处的动态地球上基本没有什么是稳定不变的。对于大多数实际应用来说, 这并不重要, 因为我们最感兴趣的是相对位移。固体潮产生的位移对我们的影响不大, 大陆范围内的隆起和下沉也是。一般来说, 板块构造会有强烈的影响, 但也只有局部的位移差异, 该位移沿断层线发生, 有时会在地震中表现出来。由于我们感兴趣的是相对位移, 因此要求一个假定稳定的参考点并不是什么巨大的缺点。

绝对测量不需要参考点, 尽管每个坐标系都参照于某个参考系。自由测量是 SAR 绝对定位的一个强大而独特的能力, 展示了 SAR 传感器作为大地测量工具的固有精度。

# 10.5   基于 SAR 绝对定位测量形变

由于能够实现厘米到分米精度内的定位, 若地表形变超出误差区间则可以基于 SAR 绝对定位进行测量。线性位移作为一系列随时间变化的测量值, 能以更高的精度获取, 大概精度能达到厘米级。在点目标偏移追踪中, 相对测量需要考虑的因素更少, 因此误差较小。只要位移的相对测量是合适的, 即能定义出一个相对稳定的参考点, 测量位移差就更合适。之后可采用 SAR 绝对定位计算绝对位置, 例如测量假设为稳定的参考点的位移。

　　然而, 对于某些类型的位移, 我们并不能给出一个稳定的参考点。这种形变通常影响的范围更广, 例如地壳的均衡回弹。岛屿的运动, 即构造运动 (可能是下沉或隆起) 也是实际中的例子, 因为可能没有足够近的合适参照物来实现相对位移的测量。

　　在这些应用领域中, 采用 SAR 绝对定位来获取位移就可以作为一种替代方法。如果使用较长时间序列的 SAR 绝对定位, 能达到几厘米的精度就足够了, 还能反过来提高整体精度, 通过平均更容易检测离群点。

# 10.6　实际中的 SAR 绝对定位

　　实际中, SAR 绝对定位的实现需要细致的数据处理和质量评价流程, 因为需要达到的精度很高, 但能够获取的用于误差校正的外部数据有时并不精确, 而是低于所要求的精度。天气模型尤其会这样, 采用天气模型可以提高精度, 但也包含了较大的离群值, 这些离群值甚至可能导致定位精度降低。

## 10.6.1　寻找适合的测量点

　　SAR 绝对定位的首要问题是找到合适的点散射体。许多 SAR 绝对定位的实验都采用了角反射器, 从而具有了高 SCR 的点散射体, 且位置已知。然而对于大多数应用来说, 在不布设人工目标的情况下找到合适的点才是我们所关注的。

　　适合于 SAR 绝对定位的点需要具有较高的 SCR, 从而实现高精度的亚像元散射中心定位。此外, 散射体需要在不同入射角以及可能存在的不同轨道方向下均保持较高的 SCR。在不同角度可以保持强散射的散射体比仅在一个方向稳定的强散射体要少得多。因此, 相对于 PSI 处理中 PS 点的搜索, 找到大量合适的候选点是比较困难的。

　　情况如图 10.5 所示, 二面体或三面体结构的角反射器在不同入射角下会有较高的反射。然而, 角反射器不会反射相反方向的入射, 如交叉轨道的情况, 即同时有升轨和降轨。相比之下, 杆状反射器可以在不同入射角和不同入射方向下产生较大反射。本实验中采用的两个角反射器如图 10.6 所示。

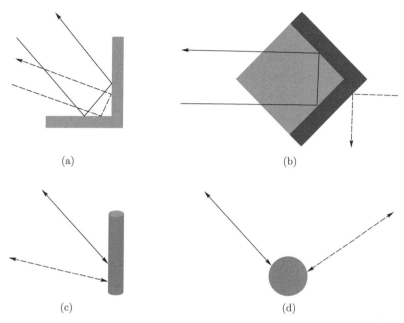

(a)          (b)

(c)          (d)

图 10.5 人工目标的反射: (a) 同向轨道的角反射器反射; (b) 交叉轨道的角反射器反射; (c) 同向轨道的杆反射; (d) 交叉轨道的杆反射

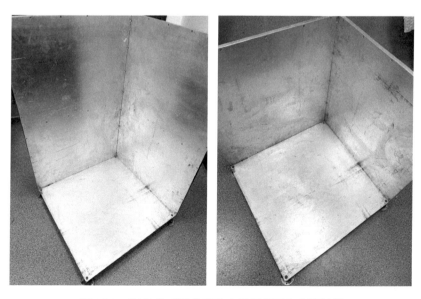

图 10.6 SAR 绝对定位实验中采用的两个角反射器

　　如果考虑到精度, 一般更偏向于交叉轨道, 最好是有多个交叉方向的轨道, 以使测量具有最好的立体效果。但对于能获取的测量点, 情况将大不一样。分析四景空间分辨率大约为 0.8 m 的 TerraSAR-X 高分辨率聚束图像, 从两景升轨图像中可以找到 8741 个 SCR 大于等于 15 dB 的点。如图 10.7 所示, 这样相对较密的点也使得测量密度可以为人所接受。然而, 在同时结合升轨和降轨图像之后, 点的密度极大降低, 采用全部四景图像 (其中两景升轨两景降轨) 的情况下只剩下了 168 个具有高 SCR 的点。

图 10.7　武汉区域 TerraSAR-X 高分辨率聚束模式的两景升轨图像中找到了 8741 个高 SCR 点 (蓝色), 两景升轨联合两景降轨图像中则找到了 168 个点 (红色)

　　如何找到足够高的 SCR 测量点在 SAR 绝对定位中是一个大问题, 尤其是找到能支持交轨处理的点。这几乎只局限于杆状散射体, 而杆状散射体通常不具有非常高的 SCR。

### 10.6.2 地球动力学影响校正

本例将一般的地球动力学效应与动态大气 (或湿润大气) 效应分离开来。在处理过程中考虑基本的地球动力学影响是相当简单的, 并能立竿见影地提升精度。处理流程中的第一个任务是用大地水准面信息对获取的高程进行校正, 使之符合卫星的参考系, 这可能是最大的影响。

地球固体潮是下一个需要校正的影响因素。固体潮的程度和范围可以根据图像的获取时间和获取地点来计算, 然后对定位结果做出相应的调整。

下一步要进行 SAR 的方位向定时误差的校正。TerraSAR-X 提供了 SAR 方位向定时误差的信息, 可用于该校正。然而并非所有的传感器都提供这些信息, 因此, 可能需要根据待处理图像中的已知坐标来估计定时误差。

此外, 可对大气路径延迟 (特别是电离层和对流层中) 以常数进行估计和修正。TerraSAR-X 也提供了该常数值。

仅基于这些信息, 点位测量已经能够达到较高的绝对精度。采用以上校正方法进行实验, 在不使用天气模型的情况下, 可以实现高于 0.5 m 的绝对定位精度 (Wang et al., 2016)。表 10.1 和表 10.2 展示了我们采用该仅考虑了干燥大气效应的方法在中国武汉的实验结果。

表 10.1    采用两景升轨 TerraSAR-X 高分辨率图像

| 点位 | $\Delta_{东西}$/m | $\Delta_{南北}$/m | $\Delta_{垂直}$/m |
|------|------|------|------|
| B405 | −0.25 | −0.033 | 0.31 |
| P066 | −0.30 | −0.062 | 0.343 |

表 10.2    采用两景降轨 TerraSAR-X 高分辨率图像

| 点位 | $\Delta_{东西}$/m | $\Delta_{南北}$/m | $\Delta_{垂直}$/m |
|------|------|------|------|
| B405 | 0.1 | −0.005 | 0.231 |
| P066 | 0.05 | 0.028 | 0.333 |

从这些结果中可以看出, 沿南北方向的结果具有亚分米级精度。这是因为南北向误差受方位向误差所主导, 与方位向的定时误差有关, 可以进行修正。东西

向和高度的误差主要是与路径延迟和湿润大气有关的斜距误差, 这里并没有对这些误差进行校正。

### 10.6.3　动态大气影响的校正

该部分大气影响的校正需要温度值 $T$, 水蒸气的分压 $e$, 以及液态水 $W_{\mathrm{cl}}$。有了这些值之后可以计算出路径延迟:

$$L_{\mathrm{tropo}} = 10^{-6} \int_{r_{\mathrm{ground}}}^{r_{\mathrm{sensor}}} k_1 \frac{P_{\mathrm{d}}}{T} + k_2 \frac{e}{T} + k_3 \frac{e}{T^2} + 1.45 W_{\mathrm{cl}} \tag{10.3}$$

我们的实验忽视了电离层影响, 因为电离层影响对 X 波段的影响很小。因此, 我们仅根据 TerraSAR-X 数据给出的常数校正了电离层影响。

$T$、$e$ 和 $W_{\mathrm{cl}}$ 的值可以从现有的天气模型中得到。有几种模型是可用的。本实验中我们使用了 ERA Interim 模型和 Merra-2 模型。所有这些模型的空间分辨率都比较粗糙, 其中 ERA Interim 的空间分辨率约为 80 km, Merra-2 的空间分辨率约为 50 km。这样的分辨率相对于高分辨率 SAR 图像来说是相当低的。

SAR 绝对定位中采用这些天气模型的主要问题是其分辨率过低。也有分辨率更高的天气模型, 但不是免费获取的。然而, 如果想得到更好的结果, 应该考虑使用更高分辨率的模型。

需要高精度的插值以克服模型分辨率过低的问题。在这些方面, 下面的实验并没有展示 SAR 绝对定位的所有可能性, 可能还有更好的结果可以获得。尽管如此, 该实验仍有助于我们更深入地了解采用天气模型时可能遭遇的问题。

作为测试, 我们采用 ERA Interim 和 Merra-2 数据对升轨和降轨的路径延迟进行了估计, 每个轨道都使用了两景 TerraSAR-X 高分辨率聚束图像 (表 10.3 ～ 表 10.6)。

表 10.3　采用两景升轨 TerraSAR-X 高分辨率图像并使用 ERA Interim 校正

| 点位 | $\Delta_{东西}$/m | $\Delta_{南北}$/m | $\Delta_{垂直}$/m |
|---|---|---|---|
| B405 | −0.66 | −0.11 | −0.18 |
| P066 | −0.37 | −0.09 | 0.08 |

表 10.4 采用两景降轨 TerraSAR-X 高分辨率图像并使用 ERA Interim 校正

| 点位 | $\Delta_{东西}/m$ | $\Delta_{南北}/m$ | $\Delta_{垂直}/m$ |
|---|---|---|---|
| B405 | 0.03 | 0.03 | −0.04 |
| P066 | −0.02 | 0.01 | 0.06 |

表 10.5 采用两景升轨 TerraSAR-X 高分辨率图像并使用 Merra-2 校正

| 点位 | $\Delta_{东西}/m$ | $\Delta_{南北}/m$ | $\Delta_{垂直}/m$ |
|---|---|---|---|
| B405 | −0.32 | −0.07 | 0.05 |
| P066 | −0.17 | −0.06 | 0.22 |

表 10.6 采用两景降轨 TerraSAR-X 高分辨率图像并使用 Merra-2 校正

| 点位 | $\Delta_{东西}/m$ | $\Delta_{南北}/m$ | $\Delta_{垂直}/m$ |
|---|---|---|---|
| B405 | −0.09 | 0.05 | 0.03 |
| P066 | −0.13 | 0.04 | 0.11 |

可以看出, 采用 ERA Interim 和 Merra-2 进行校正的两种结果之间有很大不同, 同时与只考虑干燥大气效应时也不同。可以看出, 采用模型校正后精度有一些提升, 尤其在垂直向。对于降轨数据的东西向, 采用 ERA Interim 和 Merra-2 都有很好的效果, 尤其是采用 ERA Interim 时, 达到了很高的精度。

升轨数据的情况则不同, 东西向的精度甚至低于只校正干燥大气效应时的结果。这是由于模型存在较大的波动性。天气模型为我们提供数据的同时也包含了较大的离群值, 特别是当天气情况动荡时; 要知道天气模型数据的分辨率是很低的, 不能正确模拟湍流大气的情况。若遭遇极端天气, 则测量中可能包含较大的离群值。

此外, 示例并没有采用最优的处理方法。示例中首先在天顶方向上估计大气延迟, 然后再据此推测斜距延迟。这种方法在天气平稳情况下效果较好, 此时大气延迟的空间变化有限。一种较好的方法是直接估计沿斜距的大气路径延迟。还可以使用两景以上的图像, 不仅可以更好地平均亚像元定位误差, 还可以帮助检测大气模型引起的离群值。

# 参 考 文 献

Adam, N., Kampes, B., & Eineder, M. (2004). The development of a scientific persistent scatterer system: Modifications for mixed ERS/ENVISAT time-series. ENIVSAT and ERS Symposium, 1–9.

Ansari, H., De Zan, F., & Bamler, R. (2017). Sequential estimator: Toward efficient InSAR time series analysis. *IEEE Transactions on Geoscience and Remote Sensing*, *55*(10), 5637–5652.

Ansari, H., De Zan, F., & Parizzi, A. (2020). Study of systematic bias in measuring surface deformation with SAR interferometry. *IEEE Transactions on Geoscience and Remote Sensing*, doi: https://doi.org/10.1109/tgrs.2020.3003421.

Balz, T., Zhang, L., & Liao, M. (2013). Direct stereo radargrammetric processing using massively parallel processing. *ISPRS Journal of Photogrammetry and Remote Sensing*, *79*, 137–146.

Bamler, R., & Eineder, M. (2005). Accuracy of differential shift estimation by correlation and split-bandwidth interferometry for wideband and delta-$k$ SAR systems. *IEEE Geoscience and Remote Sensing Letters*, *2*(2), 151–155.

Berardino, P., Fornaro, G., Lanari, R., & Sansosti, E. (2002). A new algorithm for surface deformation monitoring based on small baseline differential SAR interferograms. *IEEE Transactions on Geoscience and Remote Sensing*, *40*(11), 2375–2383.

Blanco, P., Mallorqui, J. J., Duque, S., & Monells, D. (2008). The coherent pixels technique (CPT): An advanced D-InSAR technique for nonlinear deformation monitoring. *Pure and Applied Geophysics*, *165*(2008), 1167–1193.

Cafforio, C., Prati, C., & Rocca, F. (1991). SAR data focusing using seismic migration techniques. *IEEE Transactions on Aerospace and Electronic Systems*, *27*(2), 194–207.

Capaldo, P., Crespi, M., Fratarcangeli, F., Nascetti, A., & Pieralice, F. (2011). High-resolution SAR radargrammetry: A first application with COSMO-SkyMed Spotlight imagery. *IEEE Geoscience and Remote Sensing Letters*, *8*(6), 1100–1104.

Carrara, W. G., Goodman, R. S., & Majewski, R. M. (1995). *Spotlight Synthetic Aperture Radar: Signal Processing Algorithms (IPF)*. Boston, London: Artech House.

Chen, C. W., & Zebker, H. A. (2001). Two-dimensional phase unwrapping with use of statistical models for cost functions in nonlinear optimization. *Journal of the Optical Society of America A*, *17*(3), 338–351.

Cong, X., Balss, U., Eineder, M., & Fritz, T. (2012). Imaging geodesy–centimeter-level ranging accuracy with TerraSAR-X: An update. *IEEE Geoscience and Remote Sensing Letters*, *9*(5), 948–952.

Costantini, M. (1998). A novel phase unwrapping method based on network programming. *IEEE Transactions on Geoscience and Remote Sensing*, *36*(3), 1–9.

Costantini, M., Falco, S., Malvarosa, F., Minati, F., Trillo, F., & Vecchioli, F. (2014). Persistent scatterer pair interferometry: Approach and application to COSMO-SkyMed SAR data. *IEEE Journal of Selected Topics in Applied Earth Observations and Remote Sensing*, *7*(7), 2869–2879.

Crisp, D. J. (2004). *The State-of-the-Art in Ship Detection in Synthetic Aperture Radar Imagery*. Australian Government, Department of Defense.

Crosetto, M., Crippa, B., & Biescas, E. (2005). Early detection and in-depth analysis of deformation phenomena by radar interferometry. *Engineering Geology*, *79*(1–2), 81–91.

Crosetto, M., Biescas, E., Duro, J., Closa, J., & Arnauld, A. (2008). Generation of Advanced ERS and Envisat Interferometric SAR Products Using the Stable Point Network Technique. *Photogrammetric Engineering and Remote Sensing*, *4*(8), 443–450.

Crosetto, M., Monserrat, O., Cuevas-González, M., Devanthéry, N., & Crippa, B. (2016). Persistent scatterer interferometry: A review. *ISPRS Journal of Photogrammetry and Remote Sensing*, *115*(100), 78–89.

Cumming, I. G., & Wong, F. H. (2005). *Digital Processing of Synthetic Aperture Radar: Algorithms and Implementations*. Norwood: Artech House.

Curlander, J. C. (1982). Location of spaceborne SAR imagery. *IEEE Transactions on Geoscience and Remote Sensing*, *GE-20*(3), 359–364.

Denos, M. (1992). A pyramidal scheme for stereo matching SIR-B imagery. *International Journal of Remote Sensing*, *13*(2), 387–392.

Devanthéry, N., Crosetto, M., Monserrat, O., Cuevas-González, M., & Crippa, B. (2014). An approach to persistent scatterer interferometry. *Remote Sensing*, *6*(7), 6662–6679.

Eineder, M., Adam, N., Bamler, R., Yague-Martinez, N., & Breit, H. (2009). Spaceborne spotlight SAR interferometry with TerraSAR-X. *IEEE Transactions on Geoscience and Remote Sensing*, *47*(5), 1524–1535.

Eineder, M., Minet, C., Steigenberger, P., Cong, X., & Fritz, T. (2011). Imaging geodesy — Toward centimeter-level ranging accuracy with TerraSAR-X. *IEEE Transactions on Geoscience and Remote Sensing*, *49*(2), 661–671.

Eldhuset, K. (2004). An automatic ship and ship wake detectio system for spaceborne SAR images in coastal regions. *IEEE Transactions on Geoscience and Remote Sensing*, *34*(4), 1010–1019.

Farr, T. G., Rosen, P. A., Caro, E., Crippen, R. E., Duren, R. M., Hensley, S., Kobrick, M., Paller, M., Rodriguez, E., Roth, L. E., et al. (2007). The shuttle radar topography mission. *Reviews of Geophysics*, *45*(2). RG2004.

Fayard, F., Meric, S., & Pottier, E. (2007). Matching stereoscopic SAR images for radargrammetric applications. *IEEE International Geoscience and Remote Sensing Symposium*, 4364–4367.

Ferretti, A., Fumagalli, A., Novali, F., Prati, C., Rocca, F., & Rucci, A. (2011). A new algorithm for processing interferometric data-stacks: SqueeSAR. *IEEE Transactions on Geoscience and Remote Sensing, 49*(9), 3460–3470.

Ferretti, A., Prati, C., & Rocca, F. (2000). Nonlinear subsidence rate estimation using permanent scatterers in differential SAR interferometry. *IEEE Transactions on Geoscience and Remote Sensing, 38*(5), 2202–2212.

Ferretti, A., Prati, C., & Rocca, F. (2001). Permanent Scatterers in SAR Interferometry. *IEEE Transactions on Geoscience and Remote Sensing, 39*(1), 8–20.

Forbes, N., Mahon, B. (2014). *Faraday, Maxwell, and the Electromagnetic Field: How Two Men Revolutionized Physics*. Amherst: Prometheus Books.

Frost, V. S., Stiles, J. A., Shanmugan, K. S., & Holtzman, J. C. (1982). A model for radar images and its application to adaptive digital filtering of multiplicative noise. *IEEE Transactions on Pattern Analysis and Machine Intelligence, PAMI-4*(2), 157–166.

Gabriel, A., Goldstein, R. M., & Zebker, H. A. (1989). Mapping small elevation changes over large areas: Differential radar interferometry. *Journal of Geophysical Research, 94*, 1919–1983.

Gabriel, A. K., & Goldstein, R. M. (1988). Crossed orbit interferometry: Theory and experimental results from SIR-B. *International Journal of Remote Sensing, 9*(5), 857–872.

Ghiglia, D. C., & Romero, L. A. (1996). Minimum $L^p$-norm two-dimensional phase unwrapping. *Journal of the Optical Society of America A, 13*(10), 1999–2013.

Gisinger, C., Balss, U., Pail, R., Zhu, X. X., Montazeri, S., Gernhardt, S., & Eineder, M. (2015). Precise three-dimensional stereo localization of corner reflectors and persistent scatterers with TerraSAR-X. *IEEE Transactions on Geoscience and Remote Sensing, 53*(4), 1782–1802.

Goel, K., & Adam, N. (2014). A distributed scatterer interferometry approach for precision monitoring of known surface deformation phenomena. *IEEE Transactions on Geoscience and Remote Sensing, 52*(9), 5454–5468.

Goldstein, R. M., Zebker, H. A., & Werner, C. L. (1988). Satellite radar interferometry: Two-dimensional phase unwrapping. *Radio Science, 25*(4), 713–720.

Guarnieri, A. M., & Tebaldini, S. (2008). On the exploitation of target statistics for SAR interferometry applications. *IEEE Transactions on Geoscience and Remote Sensing, 46*(1), 3436–3443.

Gutman, A. S. (1954). Modified Luneberg Lens. *Journal of Applied Physics, 25*(7), 855–859.

Haala, N., & Rothermel, M. (2012). Dense multi-stereo matching for high quality digital elevation models. *Photogrammetrie-Fernerkundung-Geoinformation, 2012*(4), 331–343.

He, M., & He, X. F. (2009). Urban change detection using coherence and intensity characteristics of multi-temporal SAR imagery. 2009 2nd Asian-Pacific Conference on Synthetic Aperture Radar, 840–843.

Hertz, H. (1888). Über die Ausbreitungsgeschwindigkeit der electrodynamischen Wirkungen. *Annalen der Physik, 270*(7), 551–569.

Hetland, E. A., Musé, P., Simons, M., Lin, Y. N., Agram, P. S., & DiCaprio, C. J. (2012). Multiscale InSAR time series (MInTS) analysis of surface deformation. *Journal of Geophysical Research: Solid Earth, 117*(B2).

Hirschmuller, H. (2007). Stereo processing by semiglobal matching and mutual information. *IEEE Transactions on Pattern Analysis and Machine Intelligence, 30*(2), 328–341.

Hooper, A., Zebker, H. A., Segall, P., & Kampes, B. (2004). A new method for measuring deformation on volcanoes and other natural terrains using InSAR persistent scatterers. *Geophysical Research Letters, 31*(23): 1–5.

Hu, X., Wang, T., & Liao, M. (2013). Measuring coseismic displacements with point-like targets offset tracking. *IEEE Geoscience and Remote Sensing Letters, 11*(1), 283–287.

Hülsmeyer, C. (1904). *Verfahren um entfernte metallische Gegenstände mittels elektrischer Wellen einem Beobachter zu melden.*

Jaboyedoff, M., Oppikofer, T., Abellán, A., Derron, M.-H., Loye, A., Metzger, R., & Pedrazzini, A. (2010). Use of LIDAR in landslide investigations: A review. *Natural Hazards, 61*(1), 5–28.

Jen King Jao. (2001). Theory of synthetic aperture radar imaging of a moving target. *IEEE Transactions on Geoscience and Remote Sensing, 39*(9), 1984–1992.

Jendryke, M., Balz, T., McClure, S. C., & Liao, M. (2017). Putting people in the picture: Combining big location-based social media data and remote sensing imagery for enhanced contextual urban information in Shanghai. *Computers, Environment and Urban Systems, 62*, 99–112.

Kampes, B. (2006). *Radar Interferometry —Persistent Scatterer Technique.* Dordrecht: Springer.

Kant, I. (1786). *Metaphysische Anfangsgründe der Naturwissenschaft.* J.F. Hartknoch.

Knott, E. F., Shaeffer, J. F., & Tuley, M. T. (2004). *Radar Cross Section.* SciTech Publishing Inc.

Kraus, T., Bräutigam, B., Mittermayer, J., Wollstadt, S., & Grigorov, C. (2016). TerraSAR-X staring spotlight mode optimization and global performance predictions. *IEEE Journal of Selected Topics in Applied Earth Observations and Remote Sensing, 9*(3), 1015–1027.

Krieger, G., Moreira, A., Fiedler, H., Hajnsek, I., Werner, M., Younis, M., & Zink, M. (2007). TanDEM-X: A satellite formation for high-resolution SAR interferometry. *IEEE Transactions on Geoscience and Remote Sensing, 45*(11), 3317–3341.

Krieger, G., Zink, M., Bachmann, M., Brautigam, B., Schulze, D., Martone, M., Rizzoli, P., Steinbrecher, U., Antony, J. M. W., De Zan, F., et al. (2013). TanDEM-X: A radar interferometer with two formation flying satellites. *Acta Astronautica, 89*(2013), 83–98.

Kuo, J. M., & Chen, K. S. (2003). The application of wavelets correlator for ship wake detection in sar images. *IEEE Transactions on Geoscience and Remote Sensing, 41*(6), 1506–1511.

La Prade, G. (1963). An analytical and experimental study of stereo for Radar. *Photogrammetric Engineering, 29*(2), 294–300.

Lanari, R., Mora, O., Manunta, M., Mallorqui, J. J., Berardino, P., & Sansosti, E. (2004). A small-baseline approach for investigating deformations on full-resolution differential sar interferograms. *IEEE Transactions on Geoscience and Remote Sensing, 42*(7), 1377–1386.

Leberl, F., Domik, G., Raggam, J., Cimino, J., & Kobrick, M. (1986). Multiple incidence angle SIR-B experiment over Argentina: Stereo-radargrammetric analysis. *IEEE Transactions on Geoscience and Remote Sensing, GE-24*(4), 482–491.

Lee, J. S., & Pottier, E. (2009). *Polarimetric Radar Imaging: From Basis to Applications.* Boca Raton: CRC Press.

Lee, J. S. (1983). Digital image smoothing and the sigma filter. *Computer Vision, Graphics, and Image Processing, 24*(2), 255–269.

Liao, M., Balz, T., Rocca, F., & Li, D. (2020). Paradigm changes in surface-motion estimation from SAR. *IEEE Geoscience and Remote Sensing Magazine, 8*(1), 8–21.

Luneburg, R. K. (1944). *Mathematical Theory of Optics.* Doctoral dissertation. Brown University. Providence, Brown University.

McConnell, R., Kwok, R., Curlander, J. C., Kober, W., & Pang, S. S. (1991). Correlation and dynamic time warping: Two methods for tracking ice floes in SAR Images. *IEEE Transactions on Geoscience and Remote Sensing, 29*(6), 1004–1012.

Manunta, M., De Luca, C., Zinno, I., Casu, F., Manzo, M., Bonano, M., Fusco, A., Pepe, A., Onorato, G., Berardino, P., De Martino, P., & Lanari, R. (2019). The parallel SBAS approach for Sentinel-1 interferometric wide swath deformation time-series generation: Algorithm description and products quality assessment. *IEEE Transactions on Geoscience and Remote Sensing, 57*(9), 6259–6281.

Massonnet, D., Rossi, M., Carmona, C., Adragna, F., Peltzer, G., Feigl, K., & Rabaute, T. (1993). The displacement field of the Landers earthquake mapped by radar interferometry. *Nature, 364*(6433), 138–142.

Maxwell, J. C. (1865). A dynamical theory of the electromagnetic field. *Philosophical Transactions of the Royal Society, 155*, 459–512.

Michel, R., Avouac, J. P., & Taboury, J. (1999). Measuring ground displacements from SAR amplitude images: Application to the Landers Earthquake. *Geophysical Research Letters, 26*(7), 875–878.

Milillo, P., Minchew, B., Simons, M., Agram, P., & Riel, B. (2017). Geodetic imaging of time-dependent three-component surface deformation: Application to tidal-timescale ice flow of Rutford Ice Stream, West Antarctica. *IEEE Transactions on Geoscience and*

*Remote Sensing, 55*(10), 5515–5524.

Minh, D. H. T., Hanssen, R., & Rocca, F. (2020). Radar interferometry: 20 years of development in time series techniques and future perspectives. *Remote Sensing, 12*(9), 1364.

Montazeri, S., Gisinger, C., Eineder, M., & Zhu, X. X. (2018). Automatic detection and positioning of ground control points using TerraSAR-X multiaspect acquisitions. *IEEE Transactions on Geoscience and Remote Sensing, 56*(5), 2613–2632.

Mullissa, A. G., Perissin, D., Tolpekin, V. A., & Stein, A. (2018). Polarimetrybased distributed scatterer processing method for psi applications. *IEEE Transactions on Geoscience and Remote Sensing, 56*(6), 3371–3382.

Oersted, H. C. (1820). Experiments on the effects of a current of electricity on the magnetic needle. *Annals of Philosophy*, 16, 273–276.

Oliver, C., & Quegan, S. (2004). *Understanding Synthetic Aperture Radar Images*. Raleigh: SciTech Publishing Inc.

Osmanoglu, B., Sunar, F., Wdowinski, S., & Cabral-Cano, E. (2016). Time series analysis of InSAR data: Methods and trends. *ISPRS Journal of Photogrammetry and Remote Sensing, 115*(100), 90–102.

Paillou, P., & Gelautz, M. (1999). Relief reconstruction from sar stereo pairs: The "optimal gradient" matching method. *IEEE Transactions on Geoscience and Remote Sensing, 37*(4), 2099–2107.

Pathier, E., Fielding, E. J., Wright, T. J., Walker, R., Parsons, B. E., & Hensley, S. (2006). Displacement field and slip distribution of the 2005 Kashmir earthquake from SAR imagery. *Geophysical Research Letters, 33*(20), 269.

Perissin, D., & Ferretti, A. (2007). Urban-target recognition by means of repeated spaceborne SAR images. *IEEE Transactions on Geoscience and Remote Sensing, 45*(12), 4043–4058.

Perissin, D., & Wang, T. (2011). Repeat-pass SAR interferometry with partially coherent targets. *IEEE Transactions on Geoscience and Remote Sensing, 50*(1), 271–280.

Potin, P., Rosich, B., Miranda, N., & Grimont, P. (2018). Sentinel-1A/-1B mission status. EUSAR 2018—12th European Conference on Synthetic Aperture Radar.

Prati, C., & Rocca, F. (1992). Range Resolution Enhancement with Multiple SAR Surveys Combination. *IGARSS '92 International Geoscience and Remote Sensing Symposium*, 1576–1578.

Prats-Iraola, P., Scheiber, R., Marotti, L., Wollstadt, S., & Reigber, A. (2012). TOPS interferometry with TerraSAR-X. *IEEE Transactions on Geoscience and Remote Sensing, 50*(8), 3179–3188.

Preiss, M., & Stacy, N. (2006). *Coherent Change Detection: Theoretical Description and Experimental Results*. Edinburgh: Defence Science and Technology Organisation.

Raggam, H., Gutjahr, K., Perko, R., & Schardt, M. (2010). Assessment of the stereo-radargrammetric mapping potential of TerraSAR-X multibeam spotlight data.

*IEEE Transactions on Geoscience and Remote Sensing, 48*(2), 971–977.

Raney, R. K., Runge, H., Bamler, R., Cumming, I. G., & Wong, F. H. (1994). Precision SAR processing using chirp scaling. *IEEE Transactions on Geoscience and Remote Sensing, 32*(4), 786–799.

Rayleigh, F. R. S. (1879). Investigations in optics, with special reference to the spectroscope. *The London, Edinburgh, and Dublin Philosophical Magazine and Journal of Science, 8*(49), 261–274.

Rodriguez-Cassola, M., Prats-Iraola, P., De Zan, F., Scheiber, R., Reigber, A., Geudtner, D., & Moreira, A. (2015). Doppler-related distortions in TOPS SAR images. *IEEE Transactions on Geoscience and Remote Sensing, 53*(1), 25–35.

Rosenfield, G. (1968). Stereo radar techniques. *Photogrammetric Engineering, 34*(6), 586–594.

Ruch, J., Wang, T., Xu, W., Hensch, M., & Jonsson, S. (2016). Oblique rift opening revealed by reoccurring magma injection in central Iceland. *Nature Communications, 7*(1), 12352.

Scambos, T. A., Dutkiewicz, M. J., Wilson, J. C., & Bindschadler, R. A. (1992). Application of image cross-correlation to the measurement of glacier velocity using satellite image data. *Remote Sensing of Environment, 42*(3), 177–186.

Scheiber, R., & Moreira, A. (2000). Coregistration of interferometric SAR images using spectral diversity. *IEEE Transactions on Geoscience and Remote Sensing, 38*(5), 2179–2191.

Serafino, F. (2006). SAR image coregistration based on isolated point scatterers. *IEEE Geoscience and Remote Sensing Letters, 3*(3), 354–358.

Siddique, M. A., Wegmüller, U., Hajnsek, I., & Frey, O. (2016). Single-look sar tomography as an add-on to psi for improved deformation analysis in urban areas. *IEEE Transactions on Geoscience and Remote Sensing, 54*(10), 6119–6137.

Singleton, A., Li, Z., Hoey, T., & Muller, J. P. (2014). Evaluating sub-pixel offset techniques as an alternative to D-InSAR for monitoring episodic landslide movements in vegetated terrain. *Remote Sensing of Environment, 147*, 133–144.

Stephens, M. A. (1970). Use of the Kolmogorov–Smirnov, Cramér–von Mises and related statistics without extensive tables. *Journal of the Royal Statistical Society: Series B (Methodological), 32*(1), 115–122.

Teunissen, P. J. G. (1995). The least-squares ambiguity decorrelation adjustment: A method for fast GPS integer ambiguity estimation. *Journal of Geodesy, 70*(1), 65–82.

Toutin, T., & Chenier, R. (2009). 3-D radargrammetric modeling of RADARSAT-2 ultrafine mode: Preliminary results of the geometric calibration. *IEEE Geoscience and Remote Sensing Letters, 6*(2), 282–286.

Varian, R. H., & Varian, S. F. (1939). A high frequency oscillator and amplifier. *Journal of Applied Physics, 10*(5), 321–327.

Viola, P., & Wells, W. M. (1997). Alignment by maximization of mutual information.

*International Journal of Computer Vision*, *24*(2), 137–154.

von Schelling, F. W. J. (1797). *Ideen zu einer Philosophie der Natur*. Leipzig: Breitkopf und Härtl.

Wang, J., Balz, T., & Liao, M. (2016). Absolute geolocation accuracy of high-resolution spotlight TerraSAR-X imagery—validation in Wuhan. *Geo-spatial Information Science*, *19*(4), 1–6.

Wang, R. (2013). 3D building modeling using images and LiDAR: A review. *International Journal of Image and Data Fusion*, *4*(4), 273–292.

Wang, T., Shi, Q., Nikoo, M., Wei, S., Barbot, S., Dreger, D., Bürgmann, R., Motagh, M., & Chen, Q.-F. (2018). The rise, collapse, and compaction of Mt. Mantap from the 3 September 2017 North Korean nuclear test. *Science*, *361*, 166–170.

Washaya, P., Balz, T., & Mohamadi, B. (2018). Coherence change-detection with Sentinel-1 for natural and anthropogenic disaster monitoring in urban areas. *Remote Sensing*, *10*(7): doi:10.3390/rs10071026.

Weihing, D., Hinz, S., Meyer, F., Laika, A., & Bamler, R. (2006). Detection of along-track ground moving targets in high resolution spaceborne SAR images. Proceedings of ISPRS, 81–86.

Werner, C., Wegmuller, U., Strozzi, T., & Wiesmann, A. (2003). Interferometric point target analysis for deformation mapping. *Proceedings of 2003 IEEE International Geoscience and Remote Sensing Symposium. 7*, 4362–4364.

Xie, H., Pierce, L. E., & Ulaby, F. T. (2001). Mutual Information Based Registration of SAR Images. 1995 IEEE International Geoscience and Remote Sensing Symposium, 4028–4031.

Yague-Martinez, N., Prats-Iraola, P., Rodriguez Gonzalez, F., Brcic, R., Shau, R., Geudtner, D., Eineder, M., & Bamler, R. (2016). Interferometric processing of Sentinel-1 TOPS data. *IEEE Transactions on Geoscience and Remote Sensing*, *54*(4), 2220–2234.

Young, T. (1802). On the theory of light and colours. *Philosophical Transactions of the Royal Society of London*, 92, 12–48.

Zebker, H. A., & Villasenor, J. (1992). Decorrelation in interferometric radar echoes. *IEEE Transactions on Geoscience and Remote Sensing*, *30*(5), 950–959.

Zhang, L., Lu, Z., Ding, X., Jung, H.-S., Feng, G., & Lee, C.-W. (2012). Mapping ground surface deformation using temporarily coherent point SAR interferometry: Application to Los Angeles Basin. *Remote Sensing of Environment*, *117*(100), 429–439.

Zhu, X. X., Baier, G., Lachaise, M., Shi, Y., Adam, F., & Bamler, R. (2018). Potential and limits of non-local means InSAR filtering for TanDEM-X high-resolution dem generation. *Remote Sensing of Environment*, *218*, 148–161.

# 索　引